工业和信息化
**精品系列教材**·人工智能技术

# AIGC
## 基础与应用

黄源 张莉 / 主编

AIGC Foundation and
Application

人 民 邮 电 出 版 社
北 京

**图书在版编目（CIP）数据**

AIGC 基础与应用 / 黄源，张莉主编. -- 北京 : 人民邮电出版社，2024. 8. --（工业和信息化精品系列教材）. -- ISBN 978-7-115-64654-5

Ⅰ. TP18

中国国家版本馆 CIP 数据核字第 2024TV4120 号

## 内 容 提 要

本书深入浅出地讲解 AIGC 基础知识与实际应用。全书共 8 章，包括认识 AIGC、AIGC 的使用方式、AIGC 助力高效办公、AIGC 助力学习成长、AIGC 丰富生活、AIGC 造就绘画大师、AIGC 成就编程小能手、AIGC 的发展与展望。本书结合案例讲解，将理论与实践相结合、实用性强，可帮助学生及时巩固知识，提升操作能力。

全书内容丰富、图文并茂、重点突出、通俗易懂，可作为本科院校和职业院校相关专业的教材，也可作为信息技术领域的专业技术人才的参考书。

◆ 主　编　黄　源　张　莉
　　责任编辑　初美呈
　　责任印制　王　郁　焦志炜

◆ 人民邮电出版社出版发行　　北京市丰台区成寿寺路 11 号
　　邮编　100164　电子邮件　315@ptpress.com.cn
　　网址　https://www.ptpress.com.cn
　　北京市艺辉印刷有限公司印刷

◆ 开本：787×1092　1/16
　　印张：12.25　　　　　　　　2024 年 8 月第 1 版
　　字数：276 千字　　　　　　 2025 年 1 月北京第 9 次印刷

定价：49.80 元

读者服务热线：(010)81055256　印装质量热线：(010)81055316
反盗版热线：(010)81055315
广告经营许可证：京东市监广登字 20170147 号

# 前言

　　新质生产力是由技术革命性突破、生产要素创新性配置、产业深度转型升级而催生的当代先进生产力。新征程上，发展新质生产力是推动高质量发展的内在要求和重要着力点。当前，人工智能（Artificial Intelligence，AI）正融入百行千业，成为加快发展新质生产力的重要引擎。未来，AI 将进一步释放巨大能量，重构生产、分配、交换、消费等经济活动各环节，形成从宏观领域到微观领域的智能化新需求，催生新技术、新产品、新产业、新业态、新模式。近年来，随着 AI 技术的不断发展和应用，越来越多的机构开始尝试使用生成式人工智能（Artificial Intelligence Generated Content，AIGC）工具来快速且低成本地生成大量内容，为人们的生活提供便利，满足不同领域的需求。

　　AIGC 涵盖机器学习、深度学习等一系列与 AI 相关的技术，它能根据给定的主题、关键词、格式、风格等条件，自动生成各种类型的文本、图像、音频、视频等内容。AIGC 技术的发展大大便利了文字、图片、视频等内容的生产，提高了内容生产效率，未来将通过 AI 来直接生产或辅助生产大量优质的内容。短期来看，AIGC 改变了基础的生产力工具，使得内容创作变得更加高效和便捷。中期来看，AIGC 可能会改变社会的生产关系，并促进创新型和协同型工作的发展。长期来看，AIGC 有潜力促使整个社会生产力发生质的突破。AIGC 不只是一时的热点，随着基础技术和工业生态的不断迭代进步，它在内容生成制造方面将具有长远的价值和应用前景。

　　党的二十大报告指出，深入实施科教兴国战略、人才强国战略、创新驱动发展战略，开辟发展新领域新赛道，不断塑造发展新动能新优势。而 AI 作为新一代信息技术的核心，值得人们去学习，去研究。本书从 AI 基础出发，结合 AI 原理讲解 AIGC 的应用。本书由一线教师结合其教学实际经验与当前学生的实际情况编写而成，注重专业应用能力和创新思维能力的培养。

　　综合来看，AIGC 技术的发展正在深刻地改变着高校的教学模式和科研环境，为各个学科领域的教学和研究带来了新的机遇和挑战。因此，各专业的学生都需要关注这一新兴技术的发展，以便更好地适应未来的发展。本书建议学时为 48 学时，各章建议学时见下表。

| 章名 | 建议学时 |
|---|---|
| 认识 AIGC | 6 |
| AIGC 的使用方式 | 10 |
| AIGC 助力高效办公 | 6 |
| AIGC 助力学习成长 | 6 |
| AIGC 丰富生活 | 6 |
| AIGC 造就绘画大师 | 6 |
| AIGC 成就编程小能手 | 6 |
| AIGC 的发展与展望 | 2 |

需要注意的是，AIGC 作为一种 AI 技术，可以帮助人们快速生成内容，但使用者不应过分依赖 AIGC。虽然 AIGC 可以提供大量的信息和帮助，但并不能代替人类的思考和判断。因此在使用 AIGC 时，需要保持警觉和谨慎，避免过度依赖。

本书由黄源（重庆航天职业技术学院）、张莉（重庆电子工程职业学院）担任主编。感谢重庆誉存科技有限公司专家的指导，他们的指导使本书内容更加符合职业岗位的能力要求与操作规范。

由于编者水平有限，书中难免存在不妥之处，诚挚期盼同行、使用本书的师生们指正。

编 者

2024 年 7 月

# 目录

# 第2章

## AIGC 的使用方式

# 第3章

## AIGC 助力高效办公

## 第 4 章

# 第 5 章

# AIGC 丰富生活 ··························································· 121

# 第 6 章

# AIGC 造就绘画大师 ······················································ 143

## 第7章

## 第8章

# 第1章

## 认识AIGC

01

【本章导读】

本章首先介绍人工智能的定义、起源和发展等，然后介绍大模型的相关知识，最后介绍 AIGC 的概念、应用场景以及常见的 AIGC 大模型工具等。

【本章要点】

- 认识 AI
- 认识大模型
- AIGC 概述
- AIGC 的应用场景
- 常见的 AIGC 大模型工具

## 1.1 认识 AI

人工智能（Artificial Intelligence，AI）这一术语于 1956 年被首次提出，至今该技术已经取得了许多令人兴奋的成果，并在多个领域得到了广泛的应用，也极大地改变了人们的社会生活。本节将对 AI 的概念做简单的介绍。

### 1.1.1 AI 的定义

AI 是研究、开发用于模拟、延伸和扩展人的智能的理论、方法、技术及应用系统的一门新的技术科学。

斯图尔特·罗素（Stuart Russell）与彼得·诺维格（Peter Norvig）在 *Artificial Intelligence:A Modern Approach*（《人工智能：一种现代的方法》）一书中认为，AI 是有关"智能主体（Intelligent Agent）的研究与设计"的学问，而"智能主体"是指一个可以观察周遭环境并做出行动以完成目标的系统。这一定义既强调 AI 可以根据环境做出主动反应，又强调 AI 所做出的反应必须满足目标，同时不再强调 AI 对人类思维方式或人类总结的思维法则的模仿。

AI 研究如何使计算机模拟人的某些思维过程和智能行为（如学习、推理、思考、规划等），是以计算机科学为基础，融合计算机、心理学、哲学等多学科的交叉学科、新兴学科。

未来，AI 技术将继续发展和演进，助力各行各业转型升级、提质增效，并引发全新的产业浪潮。可以预见的是，将会有更多的 AI 技术被开发出来，以帮助我们更好地理解和处理复杂的数据。预测性分析和机器学习将会被运用到更多的领域，如医疗保健、金融、工业等领域。AI 系统的安全性和可信性也将随着技术进步而逐步提高。AI 技术虽可能对劳动力市场造成影响，导致一些岗位的消失，但同时也会创造新的工作机会。因此，我们需要更好地管理 AI 技术的发展与应用，以确保其能为人类带来最大的利益。

## 1.1.2 AI 的起源

### 1. AI 的起源

AI 的概念在 20 世纪 50 年代被正式提出。1950 年，一位名叫马尔温·明斯基（Marvin Minsky）的学生与他的同学合作建造了世界上第一台神经网络计算机，这被视为 AI 发展的一个重要起点。同年，被誉为"计算机之父"的艾伦·图灵（Alan Turing）提出了一个举世瞩目的想法——图灵测试。按照图灵的设想，如果一台机器能够与人类开展对话而且不能被辨别出机器身份，那么这台机器就具有智能。图灵还大胆预言了真正使机器具备智能的可行性。1956 年，在由达特茅斯学院（Dartmouth College）举办的一次会议上，计算机专家约翰·麦卡锡（John McCarthy）首次提出了"人工智能"一词，后来这被视为 AI 正式诞生的标志。

图灵测试很简单，就是让测试者与被测试者（一个人与一台机器）隔开，测试者通过一些装置（如键盘）向被测试者随意提问，被测试者自由回答。进行多次测试后，如果有超过 30% 的测试者不能确定被测试者是人还是机器，那么这台机器就通过了测试，并被认为具有智能，如图 1-1 所示。

图 1-1　图灵测试

1966 年，麻省理工学院（Massachusetts Institute of Technology，MIT）的教授约瑟夫·魏岑鲍姆（Joseph Weizenbaum）开发了一个可以和人对话的程序，并取名为 Eliza。Eliza 被设计成一个

心理治疗师，可以通过谈话帮助有心理疾病的人。当时的人们对此十分惊讶，因为 Eliza 能够像真人一样与人交流。但实际上这个程序并没有实现真正的智能，它只是用了一些语言技巧来装作自己理解了对方说的话。Eliza 的出现引发了人们对 AI 与人类情感交互的深度思考。尽管 Eliza 只是一个初级模型，但它为后来 AI 的发展提供了重要启示。

**2. AI 的发展**

20 世纪 60 年代到 80 年代，是 AI 快速发展的阶段。在这个时期，人们开始探索研究机器学习、神经网络等技术，AI 的应用范围也因此不断扩大。1985 年，机器学习领域的神经网络算法被提出，此后，该类算法在语音识别、图像识别等领域得到广泛应用。神经网络算法的提出是 AI 领域的一次重要尝试，其旨在模拟人类大脑的工作机制，通过模拟神经元的连接和信息在神经元之间的传递方式，实现对复杂数据的模式识别和学习。

**3. AI 的低谷**

20 世纪 90 年代初期，AI 经历了一段低谷期。当时，计算机的运算能力较弱，加上数据集方面的限制，AI 的应用受到了很大的制约。但是，在这一时期，人们开始研究支持向量机、随机森林等新的机器学习算法。这些机器学习算法的发展和计算机运算能力的不断提升，为 AI 的崛起奠定了基础。

**4. AI 的崛起**

21 世纪初，随着大数据和云计算等技术的出现，AI 再次进入了快速发展的阶段。人们开始研究深度学习、自然语言处理（Natural Language Processing，NLP）、计算机视觉等技术，AI 的应用范围进一步扩大。目前，AI 已经被应用于医疗、金融、交通等多个领域，并且在未来还有很大的发展空间。

AI 是一个充满希望和挑战的领域。从发展历程来看，AI 经历了多次高潮和低谷，但是它的发展前景依然广阔。从趋势来看，AI 将会被应用于更多的领域，算法将会进一步优化，带来更深远的影响。人们需要更加注重 AI 的可持续发展，研究更加智能和可靠的算法，使得 AI 更好地服务于人类。

## 1.1.3  AI 的分类

AI 可分为 3 类：弱人工智能、强人工智能与超人工智能。

弱人工智能是指利用现有智能化技术来改善经济社会发展所需要的技术条件和发展功能，可以理解为只能执行单一任务的 AI。比如曾经战胜世界围棋冠军的 AlphaGo，尽管它很厉害，但它只会下围棋。再比如苹果公司研发的语音助手 Siri 也是典型的弱人工智能，它只能根据命令执行有限的预设功能。

强人工智能也称通用人工智能，在思考、解决问题、抽象思维、理解复杂理念、快速学习等方面都能与人类相媲美。强人工智能是综合性的，总的来说接近于人类智能水平，其实现依赖于计算机科学和脑科学的突破。

超人工智能（Artificial Super Intelligence，ASI）是在几乎所有领域都大大超过人类认知表现的 AI。超人工智能具有与人类智能等同的能力，即可以像人类智能实现生物上的进化一样，可以对自身进行重编程和改进，这便是"递归自我改进"。研究表明，生物神经元的工作峰值频率比现代微处理器慢了多个数量级，神经元的轴突传递神经冲动的速度也远远低于计算机的通信速度。这使得超人工智能的思考速度和自我改进速度远超人类。

值得注意的是，现阶段所实现的 AI 大部分是弱人工智能，并且已经被广泛应用。一般而言，由于弱人工智能在功能上的局限性，人们更愿意将弱人工智能看作工具，而不会将弱人工智能视为威胁。图 1-2 所示为弱人工智能机器人。

图 1-2　弱人工智能机器人

## 1.1.4　AI 的三大核心要素

AI 有三大核心要素，分别是数据、算法和算力。

（1）数据

数据是一切智慧体的学习资源，没有数据，任何智慧体都很难学习到知识。如今，这个时代每时、每刻、每处都在产生数据（包括语音、文本、影像等），AI 产业的飞速发展也催生了大量垂直领域的数据需求。同时，数据的处理与分析也是 AI 的核心环节。通过大数据分析、机器学习等手段，AI 可以从海量数据中提取有价值的信息，发现数据潜在的趋势和规律，为决策提供支持。

AI 系统的核心是训练框架和数据。在实际的工程应用中，AI 系统落地效果约 20%取决于算法，约 80%取决于数据的质量。可以说数据是 AI 的"原油"，其作用至关重要。全球领先的信息技术研究和咨询公司高德纳（Gartner）在发布的报告中提到，自适应 AI 系统通过反复训练模型，并在运行和开发环境中使用新的数据进行学习，以迅速适应在最初开发过程中无法预见的现实世界情况变化。

（2）算法

算法是一组解决问题的规则，是计算机科学中的基础概念。AI 算法是数据驱动型算法，主流的算法主要分为传统的机器学习算法和神经网络算法。目前，神经网络算法的发展由于深度学习

（源于人工神经网络的研究，特点是试图模仿大脑神经元之间传递和处理信息的模式）的快速发展而达到了高潮。

随着计算机计算能力和大数据技术的长足发展，AI 算法迎来飞速发展时期。例如，AlphaGo 在比赛中取胜的关键就在于先进的 AI 算法的运用。2012 年 10 月，在代表计算机智能图像识别前沿技术的 ImageNet 竞赛中，AI 算法在识别准确率上甚至超过了普通人类的肉眼识别准确率。目前，AI 算法在语音识别、数据挖掘、自然语言处理等不同领域取得了显著成果，并将成果逐渐应用于交通运输、银行、保险、医疗、教育和法律等主流领域，实现了 AI 技术与产业链的有机结合。

（3）算力

算力是指计算机或其他计算设备在一定时间内可以处理的数据量或完成的计算任务的数量。算力通常被用来描述计算机或其他计算设备的性能，它是衡量一台计算设备处理能力的重要指标。算力概念的起源可以追溯到计算机发明之初，最初的计算机是由机械装置完成计算任务，而算力指的是机械装置完成计算任务的能力。随着计算机技术的发展，算力的概念也随之演化，现在的算力通常指的是计算机硬件和软件（操作系统、编译器、应用程序等）协同工作的能力。在 AI 技术当中，算力是算法和数据的基础，它支撑着算法的运行和数据的处理，进而影响 AI 的发展。算力的大小代表了数据处理能力的强弱。

算力与 AI 之间的关系密切，AI 通常需要很强的计算能力来进行训练。AI 的应用领域涵盖机器学习、深度学习、自然语言处理、计算机视觉等，这些领域需要处理大量的数据，进行复杂的数学运算和统计分析。因此，强大的计算能力是 AI 应用的基础。

值得注意的是，量子计算是一种基于量子物理原理的计算方式，可以大幅提高计算速度和效率。未来随着量子计算技术的发展，量子计算机的算力将会越来越强大，量子计算机将能够解决目前传统计算机无法处理的复杂问题。

图 1-3 显示了 AI 中算法、算力、数据之间的关系。

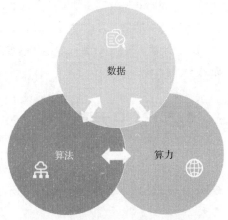

图 1-3　算法、算力、数据之间的关系

## 1.1.5　我国的 AI 发展现状

我国 AI 技术攻关和产业应用虽然起步较晚，但在国家多项政策和科研基金的支持下，近年来发展势头强劲。我国高度重视发展 AI，在《新一代人工智能发展规划》中提出战略目标：到 2030 年，人工智能理论、技术与应用总体达到世界领先水平，成为世界主要人工智能创新中心，智能经济、智能社会取得明显成效，为跻身创新型国家前列和经济强国奠定重要基础。目前，我国在基础研究方面已经拥有 AI 专业研发队伍和国家重点实验室，并设立了各种与 AI 相关的研究课题，研发产出的数量和质量不断提升，已取得许多突出成果。

随着 AI 的研究热潮，我国 AI 产业化应用也蓬勃发展。智能产品和应用大量涌现，AI 产品在医疗、商业、通信、城市管理等方面得到快速应用。

2017 年 7 月 5 日，百度首次发布 AI 开放平台的整体战略、技术和解决方案。这也是百度 AI 技术首次整体亮相。其中，对话式 AI 系统可让用户用自然语言与其进行交互，能实现诸多功能；Apollo 自动驾驶技术平台可帮助汽车行业及自动驾驶领域的合作伙伴快速搭建一套属于自己的完整的自动驾驶系统，是全球领先的自动驾驶生态。

2017 年 8 月 3 日，腾讯正式发布了 AI 医学影像产品——腾讯觅影。同时，还宣布成立人工智能医学影像联合实验室。

2022 年，全国一体化大数据中心体系总体完成布局设计，"东数西算"工程正式全面启动，AI 基础设施建设加快。

此外，科大讯飞在智能语音技术上处于国际领先水平；依图科技搭建了十亿级人像对比系统，在 2017 年美国国家标准与技术研究院组织的人脸识别技术测试中，成为第一个获得冠军的中国团队。

目前，我国的 AI 发展取得了显著的成就，已经成为全球 AI 领域发展的重要力量。政府的政策支持、投资的推动以及研究机构和企业的努力，为我国 AI 的发展提供了良好的环境和机遇。未来，我国 AI 将继续蓬勃发展，为各个行业带来创新和变革。同时，我国也需要直面挑战，加强技术创新、加强人才培养和完善伦理规范，以推动 AI 行业的可持续发展和社会效益的最大化。值得注意的是，我国 AI 发展面临的数据隐私保护、伦理道德问题和人才供给等方面的挑战，需要持续加以解决。

## 1.2 认识大模型

近年来，BERT、GPT-3 等大规模预训练模型走进大众的视野。随着大众对 ChatGPT（Chat Generative Pre-trained Transformer）的不断了解，大模型逐渐成为人们研究和关注的焦点。

### 1.2.1 大模型基础

大模型是大规模语言模型（Large-scale Language Model，LLM）的简称。语言模型是一种 AI 模型，它被训练成可以理解和生成人类语言。确切地说，语言模型是一种用统计方法来预测句子或文档中一系列单词出现的可能性的机器学习模型。因此，语言模型本质上是要模拟人类学习语言的过程。从数学上看，它是一个概率分布模型，目标是评估语言中的任意一个字符串的生成概率。

**1. 大模型概述**

大模型本质上就是大的深度神经网络，它通过学习大量的文本数据理解和生成人类语言，大模型的特点是层数多、参数量大、训练数据量大。因此，大模型通常能够学习到更细微的模式和规律，具有更强的泛化能力和表达能力。例如，GPT 之所以如此特殊，是因为它是首批使用 Transformer 架构的语言模型之一。Transformer 是一种能够很好地理解文本数据中的长距离依赖关系的神经网络架构，使得 GPT 模型能够生成高度连贯和上下文相关的语言输出。拥有上亿个参数的 GPT 模型对自然语言处理领域产生了重大影响。

大模型的优点如下。

（1）上下文理解能力强

大模型具有很强的上下文理解能力，能够理解复杂的语义和语境。这使得它们能够生成更准确、更连贯的回答。

（2）语言生成能力强

大模型可以生成更自然、更流利的语言，减少生成输出时的错误。

（3）学习能力强

大模型可以从大量的数据中学习，并利用学到的知识和模式来提供更精准的答案和预测。这使得它们在解决复杂问题和应对新的场景时表现得更加出色。

**2. 大模型预训练过程**

大模型主要用于处理和生成类似于人类产出的文本。这些模型可以理解语言结构、语法、上下文和语义联系，因为它们已经基于大量的文本数据进行了训练。大模型一般使用 Transformer 架构等深度学习方法来发现文本数据中的统计关系和模式。

值得注意的是，大模型常常是在大量文本语料库，如书籍、文章、网页上进行预训练的。预训练是指将大量低成本收集的训练数据放在一起，经过某种方法去学习数据中的共性，然后将其中的共性"移植"到特定任务的模型中，再使用相关特定领域的少量标注数据进行微调。例如，预训练可以教模型预测文本字符串中的下一个单词，捕捉语言用法和语义的复杂性。

因此，预训练可以帮助机器学习模型解决数据稀缺性、先验知识和迁移学习等问题，从而提高模型的性能和可解释性，同时降低训练成本。下面以 BERT 为例讲解大模型的预训练过程。BERT 是一种基于 Transformer 架构的大模型，它在 2018 年由谷歌提出，是目前自然语言处理领域最流行和最成功的模型之一。

（1）掩码语言模型

掩码（Mask）语言模型是一种基于神经网络的语言模型，它可以在预训练阶段使用海量的未标注语料库进行训练，然后在有监督的任务中进行微调，如文本分类、序列标注等。掩码语言模型的主要特点是通过对输入序列中的一部分标记进行掩码标记，使得模型在训练过程中能够学习到文本的全局上下文。掩码语言模型的核心思想就是在输入序列中随机选取部分序列，将其替换成特殊的掩码标记。在模型训练过程中，模型需要根据前面的标记来预测被掩码标记的实际内容，这种训练方式能让模型学习到句子的全局表征，进而提升性能。

掩码语言模型的训练过程类似于完形填空，预训练任务直接将输入文本中的部分单词遮住，并通过 Transformer 架构还原单词，从而避免了双向大语言模型可能导致的信息泄露问题，迫使模型使用被遮住的词的上下文信息进行预测。

例如有这样一段文本：我爱吃饭。用掩码标记 Mask 去遮盖后的效果可能是"我爱 Mask 饭"。Mask 机制隐藏原文本信息，在做预训练时，让模型去做文本重建，模型从上下文中获取各种信息，从而预测出被 Mask 遮盖的词汇。

在输入 BERT 之前，单词序列中有 15% 的单词被 Mask 标记替换。然后，该模型将尝试预测被屏蔽词的可能值。

掩码语言模型在自然语言处理领域已经取得了显著的进展，在文本分类、序列标注等任务中表现尤其突出。通过在预训练阶段使用未标注的语料进行训练，掩码语言模型能够捕捉到文字、词汇和句法等不同层面的语言规律，并在有监督的任务中取得更好的表现。

（2）下一个句子预测

下一个句子预测（Next Sentence Prediction，NSP）是一个常见的自然语言处理任务，这个任务是指给定两个句子 A 和 B，让模型判断 B 是否是 A 的下一个句子。这个任务可以让模型学习到语言中的句子关系和连贯性。

在预训练任务中，掩码语言模型能够根据上下文还原掩码部分的词，从而学习上下文敏感的文本表示。然而，对阅读理解等需要输入两段文本的任务来说，仅依靠掩码语言模型无法显式地学习两段文本之间的关联。下一个句子预测任务是用来构建两段文本之间的关系的预训练任务。

BERT 使用 TB 数量级甚至 PB 数量级的数据集来进行预训练，如英文维基百科、书籍语料库等。同时，BERT 使用具有数千甚至数万个图形处理单元（Graphics Processing Unit，GPU）或张量处理单元（Tensor Processing Unit，TPU）的高性能计算设备来进行并行计算和优化。BERT 在预训练后得到一个通用的编码器模型，它可以将任意长度的文本转换为固定长度的向量。BERT 使用了一种简单而有效的微调方法，即在预训练好的编码器模型上添加一个简单的输出层，然后根据不同的任务和场景来调整输出层的结构和参数。例如，在文本分类任务中，输出层可以是一个全连接层或一个 softmax 层；在文本生成任务中，输出层可以是一个解码器或一个线性层。

BERT 利用"大规模预训练+微调"的范式，在预训练阶段学习通用的知识和能力，在微调阶段适应特定的任务和场景，这种范式在各种领域和场景中都能够展现出良好的效果。事实上，BERT 不仅在文本分类任务中表现优异，还在文本生成、文本摘要、机器翻译、问答系统等任务中刷新了多项纪录，成为自然语言处理领域的一个里程碑模型。

### 3. Token 与大模型

Token 是指文本中一个有意义的单位，可以是单词、数字或者标点符号。在自然语言处理领域中，机器学习模型通常以 Token 作为其输入单位，Token 可以被理解为文本中的最小单位。在英文中，一个 Token 可以是一个单词，也可以是一个标点符号。例如，"I love you"这个句子可以被分割成 3 个 Token："I""love""you"。对模型而言，Token 是一种数字化的表示形式。每个 Token 都与唯一的数字 ID 相关联，模型通过这些数字 ID 来区分不同的 Token。在训练过程中，模型学习将文本映射到这些数字 ID 的方法，以便对新的文本进行编码和解码。例如，对于英文单词，一个词汇表中可能包含诸如"hello""world""chat"等单词，每个单词对应唯一的数字 ID。当输入文本被拆分成多个 Token 之后，模型会查找每个 Token 在词汇表中的对应 ID，并用这些 ID 来表示输入文本。

常见的大模型是一种基于概率的自回归语言模型（AR 模型）。AR 模型通过预测文本序列中的下一个 Token 来生成文本，在训练过程中，模型会逐个处理输入序列中的 Token，并预测下一个 Token 的概率分布；在生成过程中，模型会根据上下文和已生成的 Token 逐步生成新的 Token，直到处理完整个文本序列。

例如，如果要将句子"the dog sat on the mat"转换为 Token，我们可以这样做：将每个单词转换为 Token，得到"the""dog""sat""on""the""mat"。

值得注意的是，除了单词之外，还有一些其他的符号也可以被视为 Token，比如标点符号、数字、表情符号等。这些符号可以传递一些信息或者情感。例如，"I love you!"和"I love you?"就不同于"I love you"，因为感叹号和问号表达了不同的语气和态度。

表 1-1 所示为 Token 中的常见术语及说明。

**表 1-1　Token 中的常见术语及说明**

| 术语 | 说明 |
| --- | --- |
| Token | 文本中的一个基本单位，对于构建高效和准确的文本处理模型具有关键性的作用 |
| Subword（子词） | 子词是指比单词更小的语言单位，根据语料库中的出现频率来自动划分。比如，一个单词"transformer"可以被划分成两个子词"trans"和"former"，或者 3 个子词"t""rans""former"，或者 4 个子词"t""r""ans""former"，等等。不同的划分方法会产生不同数量和长度的子词 |
| Word embedding（词嵌入） | 一种将文本中的单词或其他文本单位映射到连续向量空间中的表示方法。这种表示方法可以将文本中的单词或其他文本单位转换成实数向量，使得计算机可以对文本进行处理。词嵌入在文本分类、情感分析、机器翻译、命名实体识别、问答系统等任务中，可以作为输入特征用于机器学习或深度学习模型 |
| Encoding（编码） | 通常指将输入数据转换为能够被理解、处理的格式的过程。这种编码通常用于降维、特征提取、特征表示等任务，旨在从高维度的输入数据中提取有用的特征，并将其转换为更简洁、更易处理的形式，以便用于后续的机器学习、模型训练等任务。编码在深度学习中具有重要的作用，它可以用于从原始数据中提取有用的特征，减少数据维度，去除噪声和冗余信息，提高模型的泛化能力和训练效果 |

Token 的概念在自然语言处理中非常重要，因为它能够帮助机器理解自然语言。在传统的计算机编程中，我们通常会对输入的数据进行格式化处理，以便让计算机能够更好地处理它们。但是在自然语言处理中，语言的结构和规则是更为复杂和多样化的，因此我们需要用 Token 来帮助机器识别和理解语言的这些结构和规则。在大语言模型中，Token 的应用场景非常广泛。例如，在文本生成任务中，机器可以通过对输入的 Token 进行操作，以生成符合语法和语义规则的新文本；在语音识别任务中，机器也可以使用 Token 将语音信号转换为可读的文本；在机器翻译任务中，Token 可以帮助机器将一种语言的文本转化为另一种语言的文本。

### 1.2.2 深度学习

深度学习受到仿生学的启发，通过模仿神经元、神经网络的结构以及传输和接收信号的方式，达到学习人类思维方式的目的。深度学习通过学习数据的内在规律和表示，使计算机具有像人一样的分析能力，让机器能够更准确、更有效地处理复杂任务。从发展前景来看，AI 将以深度学习为重要基础，持续影响人们的生活，在未来甚至可以实现科幻电影中的人机交互场景。

#### 1. 深度学习概述

深度学习以神经网络为主要模型，一开始被用来解决机器学习中的表示学习问题，但是由于其强大的能力，深度学习越来越多地被用来解决一些通用 AI 问题，比如推理、决策等。目前，深度学习在学术界和工业界取得了大量的成果，并受到高度重视，掀起了新一轮的 AI 热潮。

前馈神经网络是一种简单的深度学习模型，各神经元分层排列，每个神经元只与前一层的神经元相连，接收前一层的输出，并输出给下一层，各层间没有反馈。前馈神经网络是目前应用最广泛、发展最迅速的人工神经网络之一，其结构如图 1-4 所示。

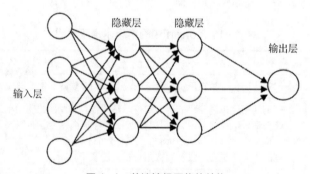

图 1-4　前馈神经网络的结构

在这个结构中，最左边的一层被称为输入层，用 input 表示，其中的神经元被称为输入神经元。最右边的一层即输出层，用 output 表示，其中包含输出神经元。在这个例子中，只有一个输出神经元，但一般情况下输出层也会有多个神经元。中间层被称为隐藏层，用 hidden 表示，因为里面的神经元既不是输入也不是输出。

神经网络的学习也被称为训练，指的是通过神经网络所在环境的刺激作用调整神经网络的自由参数，使神经网络以一种新的方式对外部环境做出反应的一个过程。神经网络最大的特点是能够从环境中学习，并在学习中提高自身性能。神经网络的整个学习过程首先使用结构指定网络中的变量和它们的拓扑关系，例如，神经网络中的变量可以是神经元连接的权重（Weight）和神经元的激励值（Activities of the Neuron）；其次使用激励函数（Activity Function）来定义神经元如何根据其他神经元的活动来改变自己的激励值，一般激励函数依赖于网络中的参数；最后是训练学习规则（Learning Rule），学习规则指定了网络中的参数权重如何随着时间推进而调整。一般情况下，学习规则依赖于神经元的激励值，它也可能依赖于监督者提供的目标值和当前权重的值。总的来说，通过神经网络结构指定变量和拓扑关系，使用激励函数进行训练，再加上最后的学习规则的训练，即可完成神经网络的整个学习过程。

**2．深度学习中的常见模型**

深度学习主要包含以下几种模型。

（1）卷积神经网络

卷积神经网络（Convolutional Neural Network，CNN）的提出，是为了降低对图像数据预处理的要求，以避免烦琐的特征工程。卷积神经网络由输入层、输出层以及多个隐藏层组成。

卷积神经网络是多层感知机的一种变体，参考生物视觉神经系统中神经元的局部响应特性设计，采用局部连接和权值共享的方式降低模型的复杂度，极大地减少了训练参数数量，提高了训练速度，也在一定程度上提高了模型的泛化能力。有关卷积神经网络的研究是目前多种神经网络模型研究中最为活跃的一种。一个典型的卷积神经网络的隐藏层主要由卷积层（Convolutional Layer）、池化层（Pooling Layer）、全连接层（Fully-Connected Layer）构成。卷积神经网络的结构如图 1-5 所示，其中卷积层与池化层可组成多个卷积组，逐层提取特征。

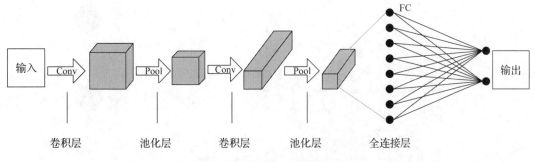

图 1-5　卷积神经网络的结构

卷积神经网络的特点是在单个图像上应用多个滤波器，每个滤波器都会被设计为捕捉图像中不同的特征或模式。卷积神经网络通过应用不同的滤波器在图像上滑动（或卷积），在局部区域内提取特征，进而在整个图像上构建一个完整的特征映射。每个滤波器与图像的卷积操作会产生一个特征图，该特征图可视化了图像中相应特征的空间分布，也就是显示每个特征出现的地方。通过学习特征空间的不同部分，卷积神经网络实现了轻松扩展和健壮的特征工程。

卷积神经网络可以输出输入图像的特征，实现过程如图 1-6 所示。

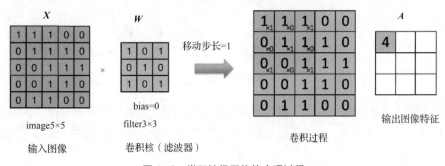

图 1-6　卷积神经网络的实现过程

卷积神经网络是目前深度学习技术领域中非常具有代表性的神经网络之一，在图像分析和处理领域取得了众多突破性的进展。目前在学术领域，基于卷积神经网络的研究取得了很多成果，包括图像特征提取分类、场景识别等。

（2）循环神经网络

循环神经网络（Recurrent Neural Network，RNN）是深度学习中一类特殊的内部存在自连接的神经网络，可以学习复杂的矢量到矢量的映射。杰夫·埃尔曼（Jeff Elman）于1990年提出的循环神经网络框架被称为简单循环网络（Simple Recurrent Network，SRN），是目前广泛流行的循环神经网络的基础版本，之后不断出现的更加复杂的结构均可认为是其变体或者扩展。目前循环神经网络已经被广泛用于各种与时间序列相关的工作任务中。

图1-7所示为循环神经网络的结构。循环神经网络的层级结构比卷积神经网络简单，它主要由输入层、隐藏层和输出层组成。隐藏层用一个箭头表示数据的循环更新，这个就是实现时间记忆功能的方法，即闭合回路连接。

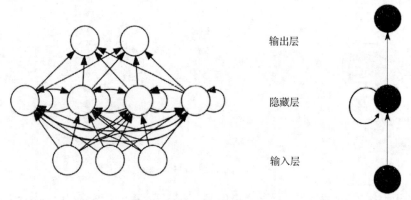

图1-7 循环神经网络的结构

闭合回路连接是循环神经网络的核心部分。循环神经网络对序列中每个元素都执行相同的任务，其输出依赖于之前结果的计算结果，因此循环神经网络具有记忆能力，这种记忆能力使得循环神经网络可以捕获已经计算过的信息，对于处理序列数据非常有效。循环神经网络在语音识别、自然语言处理等领域有着重要的应用。在实际应用中，人们会遇到很多序列数据，序列数据是按照一定顺序排列的数据集合，如图1-8所示。

图1-8 序列数据

在自然语言处理问题中，$x_1$可以看作第1个单词的向量，$x_2$可以看作第2个单词的向量。序列数据可以认为是一串信号，比如一段文本"您吃了吗？"，其中$x_1$可以表示"您"，$x_2$表示"吃"，$x_3$表示"了"，依次类推。

简单的神经网络不能考虑一串信号中每个信号的顺序关系，这时候就可以用 RNN 来处理序列数据。从循环神经网络的结构可知，循环神经网络下一时刻的输出值是由前面多个时刻的输入值共同决定的。假设有一个输入"我会说普通"，那么应该通过"会""说""普通"这几个前序输入来预测下一个词最有可能是什么，通过分析预测，出现"话"的概率比较大。

（3）生成对抗网络

生成网络是一种无监督学习模型，它可以根据一些随机噪声或者潜在变量，生成与真实数据相似的新数据。生成网络的一个典型应用是生成图像，例如人脸、风景、动物等。

生成对抗网络（Generative Adversarial Network，GAN）是一种深度神经网络架构，由一个生成网络和一个判别网络组成。生成网络产生假数据，并试图欺骗判别网络；判别网络对生成的数据进行真伪鉴别，试图正确识别所有假数据。在训练迭代的过程中，两个网络持续地进化和对抗，直到达到平衡状态，当判别网络无法再识别假数据时，训练结束。

生成对抗网络模型如图 1-9 所示，该模型主要包含一个生成模型和一个判别模型。生成对抗网络主要解决的问题是如何从训练样本中学习新样本，其中判别模型用于判断输入样本是真实数据还是训练生成的假数据。

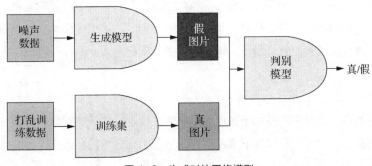

图 1-9　生成对抗网络模型

生成对抗网络的生成模型和判别模型的网络结构有多种选择，但一般都是基于卷积神经网络或反卷积神经网络（Deconvolutional Neural Network，DeCNN）来构建。

（4）注意力机制

注意力机制（Attention Mechanism）是一种深度学习中常用的技术，它允许模型在处理输入数据时集中"注意力"于相关的部分。这种机制通过模仿人类视觉和认知系统的关注方式，帮助神经网络选择性地关注并自动学习输入的重要信息，以提高模型的性能和泛化能力。具体来说，注意力机制就是将人集中注意力的行为应用在机器上，让机器学会去感知数据中重要的部分。例如，当我们观察一张图片时，我们通常会优先注意到图片中的主体，比如小猫的面部以及小猫吐出的舌头，然后才会把我们的注意力转移到图片的其他部分。同样，当机器学习模型需要完成某个任务，如图像识别或机器翻译时，注意力机制会使模型的"注意力"集中在输入中需要注意的部分，例如动物的面部特征，包括耳朵、眼睛、鼻子、嘴巴等重要信息。因此，注意力机制的核心目的在于使机器能在很多的信息中注意到对当前任务来说更关键的信息，而对于其他的非关键信息不需要过于关注。

此外，注意力机制也常被应用于序列数据（如文本、语音或图像等）的处理，其目标是从众多信息中选出对当前任务目标来说更加关键的信息。这种借鉴了人类集中注意力方式的注意力机制已经在深度学习领域显示出显著提高模型性能的效果。

深度学习与传统机器学习的不同之处在于，深度学习能够在分析大型数据集时进行自我学习和改进，能应用在许多不同的领域。深度学习模仿的是人类大脑运行的方式——从经验中学习。众所周知，人类的大脑中包含了数十亿个神经元，正因为这些神经元，人类才能进行很多复杂的行为。一个一岁的小孩子也可以解决复杂的问题，但对超级计算机来说可能是很难解决的。

**3. 深度学习的应用**

目前，深度学习在各种任务中都有良好的表现，无论是文本生成、时间序列分析还是计算机视觉识别。大数据可用性的增强和计算机计算能力的提升使得深度学习的表现远远优于经典的机器学习算法。深度学习的常见应用如下。

（1）图像识别

图像识别是深度学习应用最早的领域之一，其本质是图像分类问题。早在神经网络刚刚出现的时候，美国学者就实现了利用神经网络对手写数字进行识别，并进行了商业化。图像识别的核心任务是对输入的图像进行分类，将其归类到特定的类别，并输出每个类别的概率值。例如输入一只狗的图片，人们期望输出显示属于狗这个类别的概率值最大，这样就可以认为这张图片中的图像是一只狗。

（2）机器翻译

传统的机器翻译模型采用的是基于统计分析的算法模型，对于处理复杂的语言表达逻辑，其效果并不好。而基于深度学习的机器翻译模型翻译出来的结果更加接近于人类的表达逻辑，翻译正确率得到了大大的提高。

（3）机器人

借助深度学习的力量，机器人可以在真实、复杂的环境中代替人类执行一些特殊任务，如人员跟踪、排爆等，这在过去是完全不可能的事。目前在机器人研发领域做得较好的要数美国波士顿动力公司，其开发的机器人在复杂地形行走、肢体协调等方面取得了巨大的成果。

（4）自动驾驶

现在很多大型公司都在自动驾驶领域投入了大量的资源，如百度、谷歌等。自动驾驶技术的开发过程应用了大量的深度学习技术，如马路线与路标的检测、周边行驶车辆的三维信息的获取等。

## 1.2.3　自然语言处理

自然语言处理是指利用计算机对人类特有的语言信息（包括形、音、义等）进行处理，即对字、词、句、篇章进行识别、分析、理解、生成等操作并建立人-机-人系统。它是计算机科学领域和 AI 领域的一个重要的研究方向，研究如何用计算机来处理、理解以及运用人类语言，以实现人与计算机之间的有效通信。自然语言处理是一门融语言学、计算机科学、数学于一体的科学。

语言是人类特有的用来表达意思、交流思想的工具。音素构成音节，音节构成单词，单词组成短语和句子，无限的句子就构成了一门语言。

实现人机间的信息交流，是计算机科学界和语言学界共同关注的重要课题。在一般情况下，用户可能不熟悉机器语言，自然语言处理技术可以帮助用户根据自身需要使用自然语言同计算机进行交流。从建模的角度看，为方便计算机处理，自然语言可以被定义为一组规则或符号的集合，计算机通过输出集合中的符号就可以传递各种信息。自然语言处理技术通过建立计算机的算法框架来实现某个语言模型，并对模型进行完善、评估，最终被用于设计各种实用的自然语言应用系统。

自然语言处理主要原理如下。

（1）词法分析

词法分析是理解单词的基础，其目的是从句子中切分出单词，找出词汇的各个词素，再从中获得单词的语言学信息和词义。例如，单词 unchangeable 是由 un、change、able 构成的，其词义也是由这 3 个部分构成的。不同的语言对词法分析有不同的要求，英语和汉语就有较大的不同。在英语中，单词之间通常是以空格自然分开的，因此切分出一个单词很容易。但是由于英语单词有词性、单/复数、时态等变化，要找出各个词素就复杂得多，需要对词尾或词头进行分析。如单词 importable，它可以是 im、port、able 或 import、able，这是因为 im、port、able 这 3 个都是词素。

词法分析可以从词素中获得许多有用的语言学信息。如英语中构成词尾的词素 "s" 通常表示名词复数或动词第三人称单数，"ly" 通常是副词的后缀，而动词加上 "ed" 通常是动词的过去式或过去分词等，这些信息对于句法分析非常有用。一个词可有许多种派生、变形，如 work 可变化出 works、worked、working、worker、workable 等。为了避免数据量过于庞大，自然语言理解系统通常只存储词根，并支持词素分析，这样可以大大压缩数据量的规模。

下面是一个适用于英语词法分析的算法，它可以对那些按英语语法规则变化的英语单词进行分析。

```
repeat
look for study in dictionary
  if not found
  then modify the study
Until study is found no further modification possible
```

其中 "study" 是一个变量，其初始值就是需要分析的单词。

使用此算法可以对一些单词进行词法分析，以单词 catches、studies 为例。

catches    studies        数据库中查不到

catche     studie         修改 1：去掉 "s"

| catch | studi | 修改 2：去掉"e" |
| | study | 修改 3：把"i"变成"y" |

在修改 2 的阶段，就可以在数据库找到"catch"，在修改 3 的阶段，就可以在数据库找到"study"。

英语词法分析的难度在于词义判断，因为单词往往有多种解释，仅仅依靠查词典常常无法判断。例如，单词"diamond"有 3 种中文解释：菱形，边长均相等的四边形；棒球场；钻石。要判定单词的词义只能依靠对句子中其他相关单词和词组的分析进行推断。例如句子"John saw Slisan's diamond shining from across the room."中，"diamond"的词义必定是钻石，因为只有钻石才能闪光，而菱形和棒球场是不闪光的。

作为对照，汉语中的每个字就是一个词素，所以在汉语词法分析中，要找出各个词素相当容易，但要切分出各个词语就非常困难。这不仅需要构词的知识，还需要解决可能遇到的切分歧义问题。如"下雨天留客天留我不留"，可以是"下雨天留客，天留我不留"，也可以是"下雨天，留客天，留我不，留"。

（2）句法分析

句法分析是自然语言处理的核心，是对语言进行深层次理解的基础。在自然语言处理领域中，机器翻译是其中一个重要的研究方向，也是自然语言处理应用的主要领域之一。在机器翻译中，句法分析扮演着核心的角色，为翻译过程提供关键的数据结构信息和语言结构信息。

句法分析土要有以下两个作用。

① 对句子或短语结构进行分析，以确定构成句子的各个词、短语之间的关系以及各自在句子中的作用等，并将这些关系用层次结构进行表示。

② 对句法结构进行规范化。在对一个句子进行分析的过程中，如果把句子各成分之间的关系用树形图表示出来，那么这种图称为句法分析树形图。句法分析使用专门设计的句法分析器，其分析过程就是构造句法分析树的过程，将每个输入的合法语句转换为一棵句法分析树。

句法分析器是实现句法分析过程的工具。句法分析的种类很多，根据其侧重目标将其分为完全句法分析和局部句法分析两种。两者的差别在于，完全句法分析是以获取整个句子的句法结构为目的；而局部句法分析只关注句子局部的成分，例如，常用的依存句法分析就是一种局部句法分析方法。

句法分析所用的方法主要分为两类：基于规则的方法和基于统计的方法。基于规则的方法在处理大规模真实文本时，会存在语法规则覆盖有限、系统可迁移性差等缺陷。随着大规模标注树库的建立，基于统计学习模型的句法分析方法开始兴起，句法分析器的性能不断提高。最典型的句法分析方法就是概率上下文无关文法（Probabilistic Context Free Grammar，PCFG），它在句法分析领域得到了极为广泛的应用，也是现在句法分析常用的方法。统计句法分析法也是常用的方法之一，本质上是一种面向候选句法树的评价方法，它会给正确的句法树赋予一个较高的分值，而给不合理的句法树赋予一个较低的分值，这样就可以通过候选句法树的分值来消除歧义。图1-10所示是一个典型的句法树。

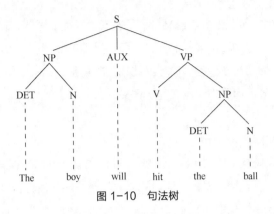

图 1-10　句法树

目前使用最多的英语句法树库是由美国宾夕法尼亚大学语言学家和计算机科学家联合开发的宾州树库（Penn TreeBank，PTB）。PTB 的前身为空中旅行信息系统（Air Travel Information System，ATIS）树库和华尔街日报（Wall Street Journal，WSJ）树库，PTB 具有较好的一致性和较高的标注准确率。中文树库建设较晚，比较著名的有中文宾州树库（Chinese TreeBank，CTB）、清华汉语树库（Tsinghua Chinese TreeBank，TCT）。其中 CTB 是由宾夕法尼亚大学标注的汉语句法树库，也是目前绝大多数中文句法分析研究的基准语料句法树库。TCT 是清华大学学者从汉语平衡语料库中提取出百万规模的汉字语料文本，经过自动句法分析和人工校对，形成的高质量的标注有完整句法结构的中文句法树库。

不同的句法树库有不同的标记体系，切忌使用某一种句法树库的句法分析器，但用其他树库的标记体系来解释。由于树库众多，这里不具体讲解每一种句法树库的标记规范，感兴趣的读者可上网搜索自行查阅。表 1-2 所示为清华汉语树库的部分标记集。

表 1-2　清华汉语树库的部分标记集

| 序号 | 标记代码 | 标记名称 | 序号 | 标记代码 | 标记名称 |
| --- | --- | --- | --- | --- | --- |
| 1 | np | 名词短语 | 9 | mbar | 数词准短语 |
| 2 | tp | 时间短语 | 10 | mp | 数量短语 |
| 3 | sp | 空间短语 | 11 | dj | 单句句型 |
| 4 | vp | 动词短语 | 12 | fj | 复句句型 |
| 5 | ap | 形容词短语 | 13 | zj | 整句 |
| 6 | bp | 区别词短语 | 14 | jp | 句群 |
| 7 | dp | 副词短语 | 15 | dlc | 独立成分 |
| 8 | pp | 介词短语 | 16 | yj | 直接引语 |

（3）语义分析

完成句法分析不等于已经理解了该语句，还需要对语句的语义进行分析。语义分析的任务是把句法分析得到的句法成分与应用领域中的目标表示相关联，从而确定语句所表达的真正含义，即弄清楚干了什么，谁干的，这个行为的原因和结果是什么以及这个行为发生的时间、地点及其所用的工具或方法等。相比句法分析，语义分析侧重于语义而非语法，它包括：

① 词义消歧。确定一个词在语境中的含义，而不是简单的词性；

② 语义角色标注。标注句子中的谓语与其他成分的关系；

③ 语义依存分析。分析句子中词语之间的语义关系。

以下方的句子为例：

What is SHIP-PROPERTY of SHIP?

在这个句子中，约束关系指明"What is"必须与SHIP-PROPERTY结合起来构成疑问句，这种约束关系表示了语义信息。用语义分析语句的方法与普通的句法分析类似。

需要注意的是，对计算机来说，文本仅仅是一个字符序列。为了使计算机能够理解文本，可以建立一个基于递归神经网络的模型。该模型逐词或逐字符处理输入，待整个文本处理完毕后，提供一个输出。

自然语言处理的具体表现形式包括机器翻译、文本摘要、文本分类、文本校对、信息抽取、语音合成、语音识别等。近些年，自然语言处理研究已经取得了巨大的进步，并逐渐发展成为一门独立的学科。

自然语言处理的发展历程可大致分为3个阶段：20世纪80年代之前，AI技术开始萌芽，基于规则的语言系统占据AI技术发展的主导地位；20世纪80年代至2017年，机器学习的兴起和神经网络的引入，推动了自然语言处理的快速发展和商业化进程；2017年至今，基于注意力机制构建的Transformer模型开启了大语言模型时代。

第一阶段：基于规则的语言系统。

早在20世纪50年代前后，AI就已经诞生。1956年，达特茅斯会议召开，会上首次正式提出了"人工智能"的概念。1980年，自然语言处理技术分为了两大阵营，分别为基于语言规则的符号派和基于概率统计的随机派，而当时符号派的势头明显强于随机派的势头，因此当时大多数自然语言处理系统都使用复杂的逻辑规则，能够处理如字符匹配、词频统计等一些简单的任务。同一时期，也产生了一些机器翻译以及语言对话的初级产品，比较著名的是1966年MIT开发的世界上第一台聊天机器人Eliza，Eliza能够遵循简单的语法规则与人进行交流。但总体来看，这一时期自然语言处理领域所取得的成果还无法商业化，机器翻译的成本也远高于人工翻译，无法真正实现机器与人之间的基本对话。

第二阶段：机器学习和神经网络。

1980年，卡内基梅隆大学召开了第一届机器学习国际研讨会，这标志着机器学习在全世界兴起。20世纪90年代以后，神经网络模型被引入自然语言处理领域，其中最著名的两个神经网络模型是循环神经网络和卷积神经网络，循环神经网络因其处理序列数据的特性，成为大部分自然语言处理模型的主流选择。2000年后，Multi-task learning、Word Embedding、Seq2seq等层出不穷的新技术推动了自然语言处理技术的快速进步，使得自然语言处理逐步实现了商业化，机器翻译、文本处理等商业化产品开始大量出现。

第三阶段：基于注意力机制构建的Transformer模型开启了大语言模型的时代。

2017 年，谷歌机器翻译团队发表了著名论文 *Attention is All You Need*，提出了基于注意力机制构建的 Transformer 模型，这也成为自然语言处理历史上的一个标志性事件。相较于传统的神经网络，基于注意力机制构建的 Transformer 模型不仅提升了语言模型运行的效率，同时能够更好地捕捉语言长距离依赖的信息。2018 年，OpenAI 公司推出的 GPT 以及谷歌公司推出的 BERT 均是基于注意力机制构建的 Transformer 模型，而自然语言处理也正式进入大语言模型的全新阶段。

## 1.2.4　大语言模型发展现状

目前，大语言模型的生态已初具规模。大语言模型通常在大规模无标记数据上进行训练，以学习某种特征和规则。基于大语言模型开发应用时，可以对大语言模型的模型结构进行微调，有时不进行微调也可以完成多个应用场景的任务；更重要的是，大语言模型具有自监督学习能力，不需要或需要很少人工标注数据即可训练，训练成本较低，从而可以加快 AI 产业化进程，降低 AI 应用门槛。

例如，ChatGPT 的背后就是大语言模型生成领域的新训练范式：RLHF（Reinforcement Learning from Human Feedback），即基于人类反馈的强化学习来优化语言模型。

RLHF 是一个涉及多个模型和不同训练阶段的复杂概念，有以下 3 个训练步骤。

（1）预训练一个语言模型（Language Model，LM）；

（2）聚合问答数据并训练一个奖励模型（Reward Model，RM）；

（3）用强化学习（Reinforcement Learning，RL）方式微调语言模型。

ChatGPT 使用的大语言模型根据概率分布计算出下一个最有可能的词，它不管事实逻辑上的合理性，也没有所谓的意识，所以有时会生成看似正确的错误内容。RLHF 用生成文本的人工反馈作为性能衡量标准，并使用该反馈作为奖励来优化模型，这样做是为了让在一般文本数据语料库上训练的语言模型能和人类复杂的语言系统对齐。

大语言模型的设计和训练旨在提供更强大的模型性能，以应对更复杂的任务或更庞大的数据集。大语言模型通常能够学习到更细微的模式和规律，具有更强的泛化能力和表达能力。因此，用大数据和算法进行训练的模型能够捕捉到大规模数据中的复杂模式和规律，从而做出更加准确的预测。

## 1.3　AIGC 概述

生成式人工智能（Artifical Intelligence Generated Content，AIGC）是一种新的 AI 技术，它利用 AI 模型，根据给定的主题、关键词、格式、风格等条件，自动生成各种类型的文本、图像、音频、视频等内容。

### 1.3.1　认识 AIGC

随着自然语言生成（Natural Language Generation，NLG）技术和 AI 模型的不断发展，AIGC

逐渐受到大家的关注，目前已经可以自动生成图片、文字、音频、视频、3D 模型和代码等。

AIGC 的特点如下。

（1）自动化

AIGC 可以根据用户输入的关键词或要求自动生成内容，无须人工编辑，从而节省了时间和成本，提高了效率。

（2）具有创意

AIGC 可以利用深度学习和强化学习等技术，不断地学习和优化内容生成策略，以生成具有创意和个性化的内容，并增加内容的吸引力，提高用户参与度和转化率。

（3）表现力强

AIGC 可以自动生成各种类型的内容，例如文章、视频、图片、音乐、代码等，满足不同用户的不同需求，并为用户提供多样化的内容选择。同时，AIGC 可以利用自然语言处理和计算机视觉等技术，实现与用户的自然交流，获得用户的反馈，并根据用户的喜好和行为动态地调整内容生成的方式，增强内容的表现力和适应性，提升用户体验感和忠诚度。

（4）迭代

AIGC 可以利用机器学习和深度学习等技术，不断地更新和改进内容生成的模型和算法，并根据用户反馈进行优化。这样可以保证内容生成的质量和效果，提高内容生成的可靠性和稳定性。

从商业层面看，AIGC 本质上是一种 AI 赋能技术，由于其具有高质量、低门槛、高自由度的生成能力，被广泛应用于各类内容的相关场景，服务于生产者。AIGC 可以在创意、表现力、迭代、传播、个性化等方面，充分发挥技术优势，打造新的数字内容生成与交互模式。AIGC 代表着 AI 技术从感知、理解世界到生成、创造世界，正推动 AI 迎来下一个时代。如果说过去传统的 AI 技术发展偏向于分析能力，那么 AIGC 则证明 AI 技术发展正在逐渐偏向于生成全新的内容。

## 1.3.2 AIGC 的发展历程

AIGC 的发展历程可以大致分为以下 3 个阶段。

早期萌芽阶段：20 世纪 50 年代—90 年代中期，受限于科技水平，AIGC 仅限于小范围实验。

沉淀积累阶段：20 世纪 90 年代中期—21 世纪 10 年代中期，AIGC 从实验向实用转变，但受限于算法，无法直接生成内容。

快速发展阶段：21 世纪 10 年代中期至今，深度学习算法不断迭代，AIGC 生成内容种类丰富且效果越来越好。2017 年微软 AI 少女"小冰"推出世界上首部由 AI 写作的诗集《阳光失了玻璃窗》，2018 年英伟达公司发布的 StyleGAN 模型可自动生成图片，2019 年 DeepMind 公司发布的 DVD-GAN 模型可生成连续视频。2021 年 OpenAI 公司推出 DALL·E 模型并更新迭代版本 DALL·E 2 模型，该模型主要用于文本、图像的交互生成。

近年来，AIGC 发展迅速，从原来作为边缘侧服务于企业、机构的角色变为了现在零基础用户都可以使用的创作工具。在应用开发侧重点上，AIGC 也从原先被用于翻译、语音合成以及重复性工作转向了更注重应用层面，转向了能够使用户便捷操作的方向。

### 1.3.3　AIGC 的算法体系

算法是 AIGC 技术的创新核心，决定了内容生成的能力和效果。常见的算法模型包括变分自编码器、生成对抗网络、卷积神经网络、循环神经网络、注意力机制、Transformer、扩散模型、多模态学习等。

算法的突破是近年来 AIGC 得以快速发展的催化剂，下面将展开介绍 AIGC 中常用的算法模型，分别是变分自编码器模型、Transformer 模型和扩散模型。

#### 1．变分自编码器模型

传统的自编码器模型主要由两部分构成：编码器（encoder）和解码器（decoder）。自编码器模型结构如图 1-11 所示，编码器-解码器结构作为语言模型的经典结构，模拟的是人脑理解与表达自然语言的过程，其中编码器将语言转换成"大脑"所能理解和记忆的内容，而解码器则将"大脑"中所想的内容表达出来。

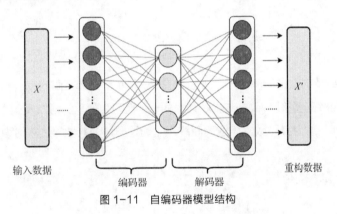

图 1-11　自编码器模型结构

变分自编码器（Variational Auto Encoder，VAE）模型在数据生成方面应用价值较高，它继承了传统自动编码器模型的架构，使用编码器将原始高维输入数据转换为潜在空间的概率分布描述并抽取样本数据；使用解码器对抽样的数据进行重构，以生成新数据。图 1-12 所示为变分自编码器模型的结构。

VAE 模型是一种有趣的生成模型。生成模型的基本思想是让计算机自动学习一些数据的统计规律，并利用这些规律生成新的数据，比如图像、音频等。这种技术的应用非常广泛，比如可以用于文本生成、图像生成、视频生成等领域。与生成对抗网络模型相比，VAE 模型有更加完备的数学理论，在理论推导过程中引入了隐变量（在数学中，假设我们需要用 $a$ 估计 $b$，不过直接用 $a$ 估计 $b$ 很困难，但是用 $c$ 估计 $b$ 很简单，用 $a$ 估计 $c$ 很容易，所以我们可以用 $a$ 来估计 $c$，再用 $c$ 估计 $b$，以达到用 $a$ 估计 $b$ 的目的，此时 $c$ 即为隐变量），使得理论推导过程更加显性，训练更加容易。

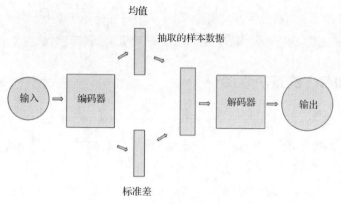

图 1-12　变分自编码器模型的结构

### 2. Transformer 模型

Transformer 模型由编码器和解码器两个部分组成，编码器-解码器结构如图 1-13 所示。

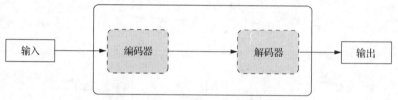

图 1-13　编码器-解码器结构

Transformer 模型的架构如图 1-14 所示。编码层由 6 个结构相同的编码器串联而成，解码层由 6 个结构相同的解码器串联而成。在以 Transformer 模型为代表的语言模型中，编码器的功能就是把自然语言序列映射为某种数学表达，而解码器则是把这个数学表达映射为自然语言序列。

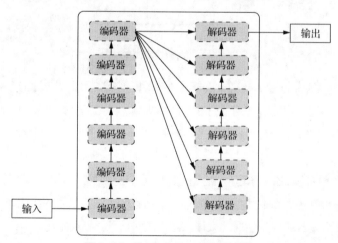

图 1-14　Transformer 模型的架构

综合来看，Transformer 模型是一种采用自注意力机制的深度学习模型。在训练过程中，自注意力机制可以按输入数据各部分重要性的不同而分配不同的权重，从而有选择性地关注重要信息。与传统的序列模型相比，Transformer 模型不再依照顺序计算，该模型能够并行地处理序列数据，显著提高了计算效率。

值得注意的是，注意力机制包含自注意力机制、交叉注意力机制等，而自注意力机制是 Transformer 等大语言模型的核心组成部分。自注意力机制指的不是输入语句和输出语句之间（不同输入）的注意力机制，而是输入语句的内部元素之间（同一输入）的注意力机制。换句话说，自注意力机制在同一个句子内部实现了注意力机制。表 1-3 所示为自注意力机制与交叉注意力机制的区别。

表 1-3　自注意力机制与交叉注意力机制的区别

| 名称 | 作用 |
| --- | --- |
| 自注意力机制 | 计算输入序列中每个元素之间的关系 |
| 交叉注意力机制 | 计算两个不同序列中的元素之间的关系 |

与循环神经网络一样，Transformer 模型旨在处理自然语言等顺序输入数据，可用于翻译、文本摘要等任务。而与循环神经网络模型不同的是，Transformer 模型能够一次性处理所有输入数据。如果输入数据是自然语言，则 Transformer 模型不必像循环神经网络模型一样一次只处理一个词，Transformer 模型允许更多的并行计算，从而减少训练时间。因此，Transformer 模型常被用于序列到序列（Sequence-to-Sequence）任务，如机器翻译、文本摘要和对话生成等。

使用 Transformer 模型处理输入数据（以文本为主）有以下 4 个主要步骤。

（1）词嵌入

词嵌入是一种自然语言处理技术，它将词汇表中的每个词或短语从单词表示转换为稠密向量，从而捕捉词与词之间的语义关系。首先，模型进行词嵌入，将序列中的单词映射到向量的实数空间中。然后，数据通过多个编码层和解码层进行变换与传递。在这些层中，自注意力机制在理解序列中单词之间的关系方面起着关键作用。最后，Transformer 模型根据学到的规律，预测序列中最可能出现的下一个单词或标记，从而生成文本。

构建大语言模型时，词嵌入是至关重要的第一步。它将序列中的单词表示为实数空间中的向量，使得相似的单词被归为一组。通过词嵌入，模型可以更好地处理文本数据，理解单词的含义，并基于此进行预测，从而提高模型的性能和效果。例如，考虑到词"猫"和"狗"，这两个词的含义通常会比与之无关的另一对词，如"猫"和"薯片"的含义更接近。因此在词嵌入的过程中，"猫"和"狗"被归为一组的可能性远大于"猫"和"薯片"被归为一组的可能性。

词嵌入技术涉及对大量文本数据进行神经网络模型训练，例如对新闻文章或书籍文本进行训练。词嵌入技术主要是为了解决自然语言处理中的词表示问题，将词的表示转化为容易被计算机理解的形式。常见的词嵌入模型有 Word2Vec、Glove、FastText 等。在底层输入中，使用词嵌入来表示词组的方法可以极大提升语法分析器和文本情感分析等神经网络训练的效果。

（2）位置编码

位置编码是帮助模型确定单词在序列中的位置的技术，它与单词的含义以及它们之间的关系无关。位置编码主要用于跟踪单词的顺序。例如，当将句子"我喜欢狗"输入模型中时，位置编码使模型知道"我"是在句子的开头，而"狗"是在句子的结尾。这对模型理解上下文和生成连贯的输出非常重要。

位置编码使用一系列特定模式的向量来表示单词的位置。这些向量与词嵌入的向量相加，可以获得包含位置信息的输入表示。通过这种方式，模型能够将单词的位置作为输入信息的一部分，并在生成输出信息时保持一致。

（3）自注意力机制

自注意力机制是 Transformer 模型的核心部分。它使模型在处理一个序列时可以考虑到序列中每个元素与其他元素的关系。自注意力机制的关键思想是计算输入序列中每个单词之间的关联度（或称为权重），并将这些关联度用于权衡模型对每个元素位置的关注程度。

自注意力机制允许模型为序列中的每个单词分配一个权重，权重的值取决于它对预测任务的重要性。这使得模型能够捕捉单词之间的关系，更好地理解序列中的上下文信息，从而更准确地处理序列数据。

（4）文本生成

文本生成通常是大语言模型执行的最后一步。在经过训练和微调之后，大语言模型可以根据提示或问题生成高度复杂的文本。该模型将利用其学到的模式根据输入的文本内容（如几个单词、一个句子，甚至一个完整的段落）生成一个连贯且与上下文相关的回答。

模型利用在训练期间学到的参数来计算下一个单词或标记的概率分布，然后选择最有可能的一个单词或标记作为下一个输出。例如，bank 一词有两个含义，分别是"堤坝"和"银行"，如果只显示 bank 这个单词，很难判断是哪个意思。但是，如果显示词组，如"The bank of the river（河堤）""Money in the bank（银行里的钱）"，就可以通过上下文判断出 bank 的意思。因此，Transformer 模型在训练的过程中，通常将表示"堤坝"的"bank"放在"river"附近的坐标上，将表示"银行"的"bank"放在"Money"附近的坐标上，这样可以在不破坏句子原义的情况下连接单词。

一般而言，人们可以引导机器进行强化学习，从而提供给机器训练模型的持续反馈。对大语言模型来说，如果模型返回错误答案，用户可以纠正模型，从而提高模型的整体性能。

在训练大语言模型时，需要注意一些问题。首先，大语言模型的训练需要大量的语料库，因此需要保证语料库的质量和数量。其次，大语言模型的训练过程需要消耗大量的计算资源，因此需要保证计算资源的充足。此外，大语言模型的训练结果可能会受到数据偏差的影响，因此需要对语料库进行适当的预处理和平衡。

总的来说，Transformer 是一个强大的深度学习模型，它通过自注意力机制处理序列数据，在自然语言处理任务中表现出色。

**3. 扩散模型**

扩散（Diffusion）模型是一种新型的生成模型，属于无监督学习中的概率模型，主要被用于图像生成和视频生成等领域。扩散模型是一种基于去噪技术的图像生成模型，在生成图像的过程中，它实际上是在不断地清除噪声的影响，逐渐得到一个越来越真实、越来越精细的图像，如图 1-15 所示。扩散模型首先将先验数据分布转化为随机噪声，然后再一步一步地修正转换，得到去噪的图片，再让神经网络学习这个去除噪声的过程。因此，扩散模型可以由给定的噪声图像还原出原始图像。

清除噪声　　　　　　　　　　　　　　　　噪声

图 1-15　扩散模型生成图像

　　扩散模型使用的是一个反向扩散方程，通过多次迭代来生成图像。每次迭代，图像中的每个像素都会去除一些噪声，这些噪声会在下一次迭代中逐渐消失。相较于其他模型，扩散模型的优势在于生成的图像质量更高，且无须通过对抗性训练，其训练的效率也更高。同时，扩散模型还具有可扩展性和并行性。

　　扩散模型最常见的应用是图像生成和修复。例如，去噪扩散隐式模型（Denoising Diffusion Implicit Model，DDIM）就是一种基于扩散过程生成模型的图像生成方法，它可以生成高质量的自然图像。另一个例子是 Noise2Self，它使用扩散过程生成模型来恢复噪声图像。由于扩散模型生成样本的强大能力，扩散模型已被广泛应用于各个领域，如计算机视觉、自然语言处理和生物信息学。此外，扩散模型还可以用于视频预测，即根据给定的前几帧预测未来帧。

　　常见的扩散模型包括 GLIDE、DALL·E 2、Imagen 和完全开源的 Stable Diffusion。扩散模型已经拥有了成为下一代图像生成模型的代表的潜力。以 DALL·E 为例，它能够直接通过文本描述生成图像。

　　Imagen 是 2022 年 5 月谷歌公司发布的图像生成扩散模型，专门用于高质量图像的生成。用户向其中输入描述性文本，模型会生成与文本匹配的图像。输入提示词"一只可爱的手工编织考拉，穿着写着 CVPR 的毛衣"，模型就会生成考拉图像，如图 1-16 所示。考拉采用手工编织，毛衣上写着 CVPR，可以看出模型理解了提示词，并通过扩散模型生成了提示词描述的图像。

图 1-16　Imagen 生成图像

　　扩散模型的生成逻辑相比其他的模型更接近人的思维模式，其工作原理是通过连续添加高斯噪声来破坏训练数据，然后通过反转添加噪声过程来学习如何恢复数据。训练后，人们可以通过将随机抽样的噪声传递给去噪过程来学习并生成数据。

**4. 多模态深度学习**

多模态数据是指记录在不同类型的媒体（如文本、图像、视频、声音）中的描述同一对象的数据。在表征学习领域，"模态"一词指编码信息的特定方式或机制。多模态深度学习是指将来自不同感知模态的信息（如图像、文本、语音等）融合到一个深度学习模型中，以实现更丰富的信息表达和更准确的预测。在多模态深度学习中，模型之间的融合通常有以下3种方法。

（1）模态联合学习

模态联合学习是一种联合训练的方法，将来自不同模态的数据输入一个模型中，模型可以同时学习到多个模态的特征表示，并将这些特征表示融合在一起。这种方法的优点是可以充分利用多个模态的信息，但是需要同时训练多个模型，计算复杂度较高。

（2）跨模态学习

跨模态学习是一种将一个模态的特征转换为另一个模态的特征表示的方法。这种方法的目的是通过特征转换，以及多个模态之间的映射关系，并将不同模态的信息融合在一起。例如，可以使用图像的特征表示来预测文本的情感偏向。使用这种方法可以减少训练时间并降低计算复杂度，但是需要预先确定好模态之间的映射关系。

（3）多模态自监督学习

多模态自监督学习是一种无须标注数据，通过模型自身学习来提取多个模态的特征表示的方法。这种方法的优点是可以利用大量未标注的数据进行训练，但是需要设计一些自监督任务来引导模型学习多模态的特征表示。例如，可以通过执行视频音频同步、图像文本匹配等任务来进行多模态自监督学习。

总体而言，多模态深度学习是一个相对较新的领域，以研究从多模态数据中学习的算法为主。例如，人类可以同时通过视觉和听觉来识别人或物体，而多模态深度学习研究的是如何使计算机具有类似的能力，让模型也能同时处理来自不同模态的输入。

## 1.3.4 AIGC 的流程

AIGC 的初衷是人类通过训练模型，让加载模型机器理解人类赋予的任务（指令），并完成任务（给出答案）。创建 AIGC 的基本过程会因为具体应用程序和所生成内容的类型的不同而有所差别，但通常涉及这几个主要步骤：数据收集、数据预处理、模型训练、内容生成、评估和细化。

**1. AIGC 的流程步骤**

首先是收集数据（用于训练 AI 模型），包括收集现有数据集，通过调查、爬取公开数据等方法获得数据。数据在收集后需要进行预处理，预处理涉及清理数据、删除重复数据或不相关数据，以及规范化数据。预处理后，使用特定算法训练 AI 模型，比如有监督或无监督学习。训练过程中需要调整参数，以降低模型错误率。AI 模型经过训练后，即可用于生成内容，比如撰写文章、编写代码、生成图像或视频等。最后，对生成的内容进行评估和细化，以确保其满足某些质量标准。必要时需要对 AI 模型进行额外训练，对数据预处理或内容生成步骤做一些调整。从以上过程可以看出，AI 生成内容首要的、决定性的起点是数据，因为机器需要从数据中学习，从而模仿人类行为和生成具有创意的新内容。

### 2. AIGC 包含的技术

语言模型是 AIGC 技术的基础，其主要作用是根据已有的语言数据来学习语言的规律和模式。常见的语言模型包括 N-gram 模型和神经网络语言模型。N-gram 模型是一种基于统计的模型，主要根据已有的文本数据来学习不同单词之间的关系，从而生成新的语句。N-gram 模型基于一个假设：在给定 $n$ 个连续单词的情况下，第 $n+1$ 个单词的出现概率只与前面的 $n$ 个单词有关。N-gram 模型常用于文本生成和机器翻译等任务中。神经网络语言模型则是基于神经网络的模型，它使用神经网络来预测下一个词或字符的概率分布。这种模型可以用于处理自然语言，如机器翻译、语言识别和文本生成等。

除了上述技术，AIGC 还使用词向量、注意力机制、生成对抗网络等技术来提高其生成能力和生成内容的质量。总之，AIGC 技术包括语言模型、神经网络、自动编码器等多种技术，通过不断优化和提高这些技术的性能，AIGC 可以在各种应用场景中发挥更大的作用。

### 3. AIGC 应用实例

例如，用户提问：在一座孤岛上，一条龙和一只凤凰会怎么相处？这是一个极具想象力的问题，因为龙和凤凰都是神话中的生物。但由于 AIGC 接受了大量作为训练数据的文本，它能从中了解到关于龙和凤凰的信息，并在回答中融入这些信息。

生成文本对话如下。

> 问：在一座孤岛上，一条龙和一只凤凰会怎么相处？
>
> 答：在传统文化中，龙和凤凰都是具有神话色彩的生物，它们代表着不同的象征意义。龙通常被视为强大、威严和神秘的象征，而凤凰则代表着幸福、荣耀和重生。
>
> 在孤岛上，一条龙和一只凤凰可能会相互敬畏和尊重，因为它们都是非常强大的生物。它们可能会建立一种和平共处的关系，分享资源和领地，同时也会保护对方免受外来威胁。

在这个回答中，AIGC 表现出了一定的创造性，提供了关于龙和凤凰在孤岛上相处的情景。这种创造性是通过训练过程中模型对大量文本的学习而得来的，而不是被提前输入进去的。AIGC 能够从训练数据中提取出相关的信息和模式，并将其应用于新的情境中。它能够理解问题的语义，并生成符合逻辑和常识的回答。这种能力使得 AIGC 能够在处理各种问题时展现出一定的创造力和灵活性。

然而，需要注意的是，AIGC 的创造性受其训练数据和模型的限制。它只能根据已有的知识和模式进行推理和生成回答，并无法超越这些限制进行真正的创新和创造。因此，虽然 AIGC 可以在某些情况下表现出一定的创造性，但它仍然是一种工具，需要人类对其进行指导和监督。

## 1.4 AIGC 的应用场景

AIGC 按内容生成类别可划分为文本、代码、图像、音视频四类，其中文本生成可实现垂直领域文案的精确调整；代码生成可覆盖多语种多垂直领域；图像、音视频生成在近两年发展迅速，但需要用户付出大量精力来优化、调整生成结果。

### 1.4.1 文本生成

AIGC 文本生成大多为结构化写作，以客服类的聊天问答、新闻撰写等为核心场景。最为典型的应用是基于结构化数据或规范格式，在特定情景类型下的文本生成，如体育新闻、金融新闻、公司财报等简讯写作。

目前，AIGC 文本生成主要被应用于新闻的撰写、给定格式的短文撰写以及风格改写。例如，用户可以输入对目标文章的描述或要求，系统会自动抓取数据，根据用户输入的指令进行创作。

例如输入新闻标题"某地突发洪水"，AIGC 生成的文本内容如下。

> 问：生成新闻，某地突发洪水
>
> 答：某地突发洪水：自然灾害的无情
>
> 近日，我们的注意力被一起突发事件吸引——某地突发洪水。这场突如其来的灾难，不仅给当地居民带来了巨大的生活困扰，也让我们再次看到了自然灾害的无情和人性的温暖。
>
> 据初步统计，此次洪水造成了大量的人员伤亡和财产损失。洪水淹没了大片的农田，导致农作物大量受损；许多房屋被洪水冲毁，无数家庭流离失所；还有一些人在洪水中不幸丧生。这些数字背后，是无数个破碎的家庭和心碎的故事。

此外，AIGC 还可用于创作型文本的撰写，如剧情续写、营销文本撰写等，这种文本具有更高的开放度和自由度，需要一定的创意和个性化，对生成技术的能力要求更高。不过目前市面上的小说续写、文章生成等 AIGC 工具生成的长篇幅文字的内部逻辑仍然存在较明显的问题，且生成稳定性不足，尚不适合实际应用。此外，由于人类对文字内容的消费并不是单纯基于理性和事实的，创作型文本还需要特别关注情感和语言表达艺术。

例如输入故事开头"小兔子来到了森林里"，AIGC 生成的文本内容如下。

> 问：生成故事，小兔子来到了森林里
>
> 答：从前，有一只小白兔住在森林的边缘。它总是跳来跳去，寻找美味的食物。一天，它遇到了大灰狼。大灰狼看起来很凶猛，但小白兔并没有害怕，它决定与大灰狼交朋友。

它们开始一起玩耍，分享食物和故事。小白兔教大灰狼如何跳舞，而大灰狼则教小白兔如何在森林中寻找美味的蘑菇。它们的友谊变得越来越深厚。

然而，有一天，大灰狼突然变得非常生气。它告诉小白兔，它需要吃一些东西。小白兔问它需要什么，但大灰狼只是沉默不语。最终，它离开了小白兔，去找其他的东西吃。

## 1.4.2 代码生成

在软件开发过程中，AIGC 可协助开发人员创建和重构代码，以提高开发效率。

AIGC 可以作为自动化代码生成和重构的工具，能够通过对现有代码库进行学习和分析，生成符合特定需求的代码，并对现有代码进行重构及优化。基于 AIGC 的自动化代码生成和重构工具，利用了深度学习、机器学习等 AI 技术，可以识别代码模式、结构和规范，并根据这些信息生成新的代码。此外，这些工具还能发现代码的质量问题，并提供相关建议和解决方案，帮助开发人员提高代码质量。

目前，一些集成开发环境（Integrated Development Environment，IDE）中已经集成了自动化代码生成与重构工具，如 Visual Studio、Eclipse 等，这使得开发人员使用这些工具编写代码更加便捷。

总的来说，基于 AIGC 的代码自动生成和重构工具的发展前景广阔，它有望改变软件开发的方式，为开发人员带来更好的开发体验。

例如，Copilot 是由 OpenAI 公司与微软的子公司 GitHub 共同开发的 AI 编程助手。它能够直接在编辑器中为用户提供编写代码片段或者整个函数的建议，以帮助用户更快地编写代码。这个工具可以被看作是一个自动编写代码的工具，它能理解自然语言，也能理解代码的上下文。Copilot 的建议能够涵盖各种编程语言和框架，而且 Copilot 的性能会随着时间的推移和使用次数的增加而不断提高。此外，Copilot 还推出了基于 AI 的网络安全助手 Copilot for Security，该助手可以利用 AIGC 将复杂的安全警报缩短为简洁的摘要，并分析评估安全事件的潜在影响，提供专业的安全防护建议。

问：用Python生成代码，实现一个求两数和的函数
答：
```python
def add(a, b):
    if not isinstance(a, (int, float)) or not isinstance(b, (int, float)):
        raise TypeError('Inputs must be numbers')
    return a + b
```

## 1.4.3 图像生成

图像生成是指运用 AI 技术，根据给定的数据进行单模态或跨模态图像生成。近年来图像生

成技术飞速发展。随着 AI 技术的进步，图像生成不再局限于简单的复制和拼接，而是向着更高层次个性化发展。根据任务目标和输入模态的不同，图像生成主要包括图像合成（Image Composition），根据现有的图片生成新图像（Image-to-Image），以及根据文本描述生成符合语义的图像（Text-to-Image）等方向。

AIGC 在图像生成领域有广泛的应用。AIGC 通过计算机算法和模型生成新的图像，这些图像可能是完全虚构的，或者是在现有图像上进行修改得来的。

AIGC 的图像生成功能是基于深度学习和生成对抗网络实现的。AIGC 通过大规模训练数据集学习图像和文字之间的联系，然后在生成过程中根据输入的文字描述生成对应的图像。当用户输入文字描述时，它便会利用训练好的模型对输入进行分析和理解，并识别文字中的关键元素、场景或物体，最终根据这些信息生成一幅图像。这个过程是高度自动化的，用户无须具备绘画技能即可创造出令人惊叹的艺术作品。

目前，图像生成技术的前沿探索主要聚焦在如何加深对图像实体关系的理解，提升多模态间转换生成效果，提高采样速度和样本质量等方面，从而提升模型在复杂和抽象任务中的图像生成效果，以及增强跨模态能力和实用性。

AI 降低了艺术绘画创作的门槛，用户只需要输入文字描述，计算机就会自动生成一幅作品。其原理是计算机通过 NLP 识别语义并将其翻译成计算机语言，结合后台的数据集（这些数据集主要通过自有素材或机器人爬取公开版权的内容获得），创作出一幅全新的作品。这样产生的作品原则上属于 AI 创作，因此，在网络平台上被广泛使用。这不仅减少了成本，同时避免了潜在的版权纠纷。除此之外，在抖音、微信等社交平台上，已经有一些 AI 爱好者通过 AIGC 创造素材。

问：生成图像，一群小鸭子在河里游泳
答：

问：依据下文生成图像

On the lush green grassland by the small lake, a child is playing the flute with a cow. The sunset shone on the calm lake surface

答：

## 1.4.4　音视频生成

利用 AIGC 技术可以自动生成音视频。

**1. 音频生成**

音频生成是指根据输入的数据合成对应的声音波形，主要包括根据文本合成语音（Text-to-Speech），进行不同语言之间的语音转换，根据视觉内容（图像或视频）做出语音描述，以及生成旋律、音乐等。

传统的语音合成框架由于语言学知识复杂、数据规模小和模型性能差等问题，往往难以取得令人满意的听觉效果，其实用性有限。近年来随着深度神经网络技术的发展，在传统的参数合成法结构的基础上，端到端合成的方法采用编码器-注意力机制-解码器（Encoder-Attention-Decoder）的声学模型，能够直接将字符或音素序列作为输入，并生成相应的梅尔频谱以及波形。这种方法通过机器学习来简化特征抽取的过程，降低了模型对不同语言学知识的学习难度，使合成的声音更加自然，趋近真人发声效果。

与音频生成相关的典型应用场景有语音识别、语音合成、语音交互、语音转换、语音增强、语音修复、音乐生成等。音频生成技术能够广泛应用于生产生活当中，提升信息传输的效率、人机交互的便捷性，在公共服务、娱乐、教育、交通等领域具有巨大的商业价值。

**2. 视频生成**

视频生成是指通过对 AI 的训练，使其能够根据给定的文本、图像、视频等单模态或多模态数据，自动生成符合描述的、高保真的视频内容。

根据其应用领域可以对视频生成的方式做进一步划分，如剪辑生成、特效生成和内容生成。视频生成可以大量应用在电影电视、游戏、短视频、广告等视觉制作领域，还可应用于工业设计、建筑设计、教育培训等行业。

视频生成技术的发展可以大致分为图像拼接生成、GAN/VAE/基于流（Flow-based）生成、自回归和扩散模型生成这 3 个关键阶段。随着深度学习的发展，视频生成在画质、长度、连贯性等方面都有了很大提升。但由于视频数据的复杂性，相较于语言生成和图像生成，视频生成技术当前仍处于探索期，各类算法和模型都存在一定的局限性。

## 1.5 常见的 AIGC 大模型工具

AIGC 大模型工具较多，本节主要介绍几款常见的 AIGC 大模型工具，如表 1-4 所示。

表 1-4  常见的 AIGC 大模型工具

| 名称 | 描述 |
| --- | --- |
| ChatGPT | 聊天机器人软件，主要用于文本内容生成 |
| 文心一言 | 百度全新一代知识增强大语言模型 |
| 讯飞星火 | 科大讯飞推出的 AIGC 对话产品 |
| 通义千问 | 阿里云推出的大模型产品 |
| 昆仑天工 | 中国首个对标 ChatGPT 的双千亿级大语言模型 |

### 1.5.1  ChatGPT

ChatGPT 是 OpenAI 推出的一款出色的 AIGC 大模型工具。它专注于对话模型，能够与用户进行自然交流。通过 ChatGPT，用户可以与一个 AI 伙伴进行互动，无论是提出问题、聊天娱乐还是寻求建议，用户都能得到有趣且有用的回答。

ChatGPT 主要依赖于生成式预训练 Transformer 模型。这是一种深度学习模型，可以从大规模的文本数据中学习语言模式，然后生成新的文本。此外，ChatGPT 经过与人的互动训练，更能理解和应对各种复杂的对话场景。ChatGPT 的最大特点是其对话的自然性和智能性。它不仅能理解输入文本的意图，还能基于上下文提供有深度的回答。此外，ChatGPT 还能灵活地回应用户的指示，如改变语言风格、采用特定的角色等，为用户提供个性化的交互体验。

2023 年，OpenAI 发布了多模态 GPT-4。这一新模型在发布当天就被集成到 ChatGPT 平台中。ChatGPT Plus 会员在开始新对话时可以选择不同的基座模型，其中就包括 GPT-4。相较于前代产品，GPT-4 的优点在于它能够处理图像和文本输入，并生成文本输出。换句话说，GPT-4 已不再仅仅是一个大语言模型，而是发展成了一种多模态模型，这意味着该模型能够同时处理多种不同类型的数据，如图像、文本、语音和视频等。多模态模型能整合各种数据信息，从而生成更全面且准确的回答。例如，当模型同时学习图像和文本两种模态的数据时，其在视觉和语言融合的任务中的效果就可以得到提升，典型的融合任务有图像标注和图文分类等。同样地，模型同时学习语音和文本数据，有助于提升语音识别和语音合成的性能。

多模态一直是 AI 技术的一个重要目标和发展方向，因为人类的学习本身就是多模态的。在婴儿期的感知和认知发展过程中，婴儿会同时接触到多种不同类型的刺激，包括视觉、听觉和触觉。通过多模态学习，婴儿能够建立对外部世界的理解和认知。例如，当妈妈一边摇着金色的铃铛，一边给襁褓中的婴儿哼唱"金色的铃铛，叮当叮当"时，婴儿能够将来自不同感官的信息整合起来，从而构建更全面且准确的感知和认知。与传统的语言模型相比，多模态模型可以通过对文本、图像和声音等多种不同模态的数据进行建模，以更好地模拟人类学习的方式。因此，采用多模态模型的 GPT-4 被认为是通往更强大、更通用 AI 的雏形。值得注意的是，无论是训练还是运行，GPT-4 都需要大量的计算资源，这给经济和环境都带来了不小的压力。

图 1-17 所示为 ChatGPT 与用户的问答过程。

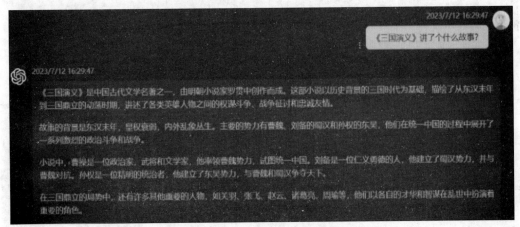

图 1-17　ChatGPT 与用户的问答过程

## 1.5.2　文心一言

百度推出的文心一言是一款智能写作辅助工具，为广大用户提供了极佳的写作体验。该工具通过自然语言处理技术，结合大量的文学、历史、诗词等资源，提供丰富、精准的词汇选择和句式建议，能够帮助用户更好地表达自己的想法和情感。

文心一言的使用方法非常简单，用户只需在输入框中输入自己的想法或者句子，系统会自动为用户提供多个不同的词汇和句式，用户可以根据自己的需要选择合适的词汇和句式。此外，文心一言还可以提供历史和文学相关的知识，帮助用户更好地理解和运用词汇和句式。

图 1-18 所示为文心一言的官网。

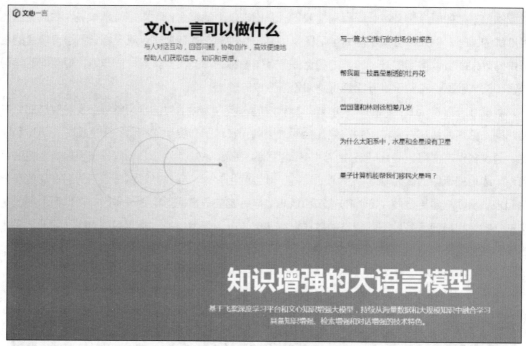

图 1-18　文心一言的官网

图 1-19 所示为文心一言的使用界面，图 1-20 所示为文心一言绘画作品。

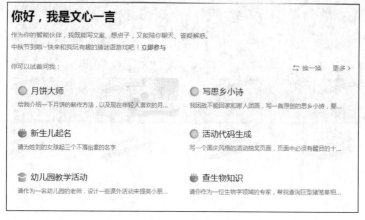

图 1-19　文心一言的使用界面

图 1-20　文心一言绘画作品

### 1.5.3　讯飞星火

讯飞星火认知大模型（SparkDesk）是科大讯飞在 2023 年正式宣布推出的 AIGC 对话产品。根据其官方描述，该模型拥有跨领域的知识和语言理解能力，能够基于自然对话方式理解与执行任务。它能从海量数据和大规模知识中持续进化，实现从提出、规划到解决问题的全流程闭环，同时还提供第三方插件市场服务和行业大模型应用。

讯飞星火作为 AIGC 工具，已成功应用于内容创作，并在国内主流应用商城上架。讯飞星火利用先进的 AI 技术，帮助用户生成高质量的文章、文案和报道。无论是新闻稿件、宣传文案，还是会议记录、工作计划，讯飞星火都能够生成。通过输入相关信息，讯飞星火可以快速生成文章的大纲和关键词，并自动补充文章内容，让内容创作更加轻松高效。这使得优秀的作家和媒体从业者能够更加专注于思考和创新。

图 1-21 所示为讯飞星火认知大模型的官网。

图 1-21　讯飞星火认知大模型的官网

## 1.5.4　通义千问

通义千问是阿里云推出的大模型产品，是阿里云大模型系列中的新成员，能够进行多轮交互，同时也融入了多模态的知识理解——既可以进行多轮对话，也能实现文生图等跨文字、图像等方面的应用，并能够和外部应用程序接口（Application Program Interface，API）进行互联。

通义千问这个名字来源于两个方面。

"通义"意味着该模型具有普适性，可以理解和回答各个领域的问题。作为一个大型预训练语言模型，通义千问在训练过程中学习了大量的文本数据，从而具备了跨领域的知识和语言理解能力。

"千问"意味着模型可以回答各种问题，包括复杂的甚至是少见的问题。它表达了通义千问致力于满足用户在不同场景下的需求，无论问题多么复杂或者独特。综合起来，通义千问这个名字体现了这款 AI 语言模型的强大功能和广泛适用性。

图 1-22 所示为通义千问的官网。

图 1-22　通义千问的官网

### 1.5.5　昆仑天工

昆仑天工是我国首个对标 ChatGPT 的双千亿级大语言模型，也是昆仑万维继 AI 绘画产品"天工巧绘"后推出的一款 AIGC 产品，可满足文案创作、知识问答、代码编程、逻辑推演、数理推算等需求。

昆仑万维曾在 2022 年 12 月发布 AIGC 全系列算法与模型，具有图像、音乐、文本、编程等多模态的内容生成能力，体现出其领先的技术积累和 AI 领域的巨大投入。昆仑天工的规模优势使其可使用海量数据进行更充分的训练，从而获得更强的理解能力和记忆力。

昆仑天工的主要竞争力在于文本写作及语义理解，目前最高已能支持 1 万字以上的文本对话，实现 20 轮次以上的用户交互，在多类问答场景中都能实现较高的输出水平。

图 1-23 所示为昆仑天工大模型的官网。图 1-24 所示为昆仑天工的使用界面，图 1-25 所示为昆仑天工绘画作品。

图 1-23　昆仑天工大模型的官网

图 1-24　昆仑天工的使用界面

图 1-25　昆仑天工绘画作品

# 1.6 小结

（1）AI 是研究、开发用于模拟、延伸和扩展人的智能的理论、方法、技术及应用系统的一门新的技术科学。

（2）大模型主要用于处理和产生类似于人类自然语言的文本。这些模型可以理解语言结构、语法、上下文和语义联系，因为它们已经在大量的文本数据上进行了训练。大模型一般使用 Transformer 结构等深度学习方法来发现文本数据中的统计关系和模式。

（3）AIGC 是指运用 AI 技术，尤其是深度学习技术，创建各类数字内容的新型内容创作模式。随着自然语言生成技术和 AI 模型的不断发展，AIGC 逐渐受到大家的关注，目前已经可以自动生成图片、文字、音频、视频、3D 模型和代码等。

# 1.7 习题

（1）简述 AI 的起源及其发展历程。

（2）简述 AI 的分类。

（3）简述什么是大模型。

（4）简述什么是 AIGC。

（5）简述 AIGC 的应用场景。

# 第2章

# AIGC的使用方式

**02**

## 【本章导读】

AIGC 问答系统是 AIGC 的一个重要应用，它可以根据用户的提问，迅速地提供准确的答案。使用 AIGC 前，用户首先需要选择一款好的 AIGC 工具，然后输入与想要获取的内容相关的提示词，AIGC 工具能够根据这些信息生成有针对性的内容。本章首先介绍 AIGC 的使用方法、AIGC 常见工具，然后介绍关键词与提示词，最后介绍提示工程。

## 【本章要点】

- AIGC 的使用方法
- AIGC 常见工具
- 关键词
- 提示词
- 提示工程

## 2.1 AIGC 的使用方法

在快速变化的业务环境中，AIGC 问答系统可帮助我们实时获取行业最新动态，解决新的难题。它可以大幅提升查询效率、快速响应问询、为决策提供专业支撑，甚至在知识关联上给人以启发。

例如选择一款聊天机器人，生成文本对话如下。

问：儿童喜欢的童话故事

答：从前，有一个叫小明的小男孩，他非常喜欢打电话。每天放学回家后，他都会拿起电话拨打他的好朋友小华的号码，两人聊天至深夜。

有一天，小明突然发现电话不再好使了。他试着拨打小华的号码，但始终无法接通。小明感到非常沮丧，因为他失去了与好朋友交流的重要方式。

这里使用的是 AIGC 生成文本，除此之外，AIGC 还能生成图像、音频、视频以及代码等。用户可以自行选择使用市面上已有的 AIGC 工具，在使用 AIGC 工具之前，需要去对应的平台或网站注册。

AIGC 工具的使用方法如表 2-1 所示。

表 2-1　AIGC 工具的使用方法

| 使用流程 | 使用方法 |
| --- | --- |
| 进入 AIGC 的应用平台 | 用户可以通过计算机、手机或其他设备打开 AIGC 的应用平台，并进行注册或登录操作。需要注意的是，不同的 AIGC 平台可能具有不同的使用方式和功能特点。用户在使用 AIGC 工具时，需要根据自己的需求和实际情况选择合适的平台，并了解其使用方法和功能特点。此外，用户还需要注意保护个人隐私和数据安全，避免泄露个人信息和敏感数据 |
| 提问与对话 | 在 AIGC 工具的主界面，用户可以在文本框中输入问题或对话内容，并单击发送按钮进行发送。AIGC 会分析用户输入的内容，然后生成答案或建议，并将其显示在对话框中。除了简单的提问，用户还可以与 AIGC 进行更深入的对话。用户可以输入一个或几个完整的句子，然后 AIGC 会根据上下文和语义进行回应。这种对话方式使用户可以与 AIGC 进行自然而流畅的交流，就像两个人在交谈一样。AIGC 能够保存先前的对话记录，并在此基础上生成新的回应。这意味着用户可以和 AIGC 逐步深入地探讨一个问题，不断获得新的信息和视角。总的来说，AIGC 为用户提供了一个高效、便捷的途径来获取信息和建议，并允许用户进行更深入、更自然的交流。但在这个过程中，用户仍需保持警觉，对 AIGC 答案的真实性、准确性保持质疑，同时注意个人隐私和数据安全 |
| 问题追问 | 当用户的问题不够清晰或不够具体时，AIGC 会进一步追问用户以获取更多信息。用户可以根据 AIGC 的追问进行补充说明，以便 AIGC 能够更好地理解问题并给出准确的回答。例如，如果用户提问："什么是人工智能？"AIGC 可以进一步追问："您是指人工智能的定义、历史、应用领域，还是其他方面？"通过追问，AIGC 可以更好地理解用户的意图，并提供更有针对性的答案。需要注意的是，AIGC 的追问方式也会根据具体的领域和问题进行设计，不同的领域和问题可能有不同的追问方式 |
| 查看历史记录 | AIGC 平台会自动保存与用户的对话历史记录，用户可以通过查看历史记录来回顾以往的对话内容。这有助于用户了解之前的问题和答案，避免重复提问。此外，查看历史记录还可以帮助用户更好地理解对话的上下文，从而更好地参与到对话中。为了方便用户查看历史记录，AIGC 平台提供清晰的界面和易于操作的工具。例如，AIGC 平台通常以时间线或列表的形式展示对话历史记录，使用户能够轻松地浏览和查找所需的信息。此外，AIGC 平台还提供搜索功能，用户能够通过关键词快速找到相关的对话内容 |

## 2.2　常见的 AIGC 工具

使用 AIGC 前，首先需要选择一款好的 AIGC 工具。使用者输入问题或具体的指令，如"请帮我推荐一款美白护肤品""请帮我推荐一本销量高的历史书籍""请绘制一幅画，展示一个小孩子很高兴的样子"等，AIGC 工具就会根据这些信息生成有针对性的内容。通常整个过程只需要很短的时间，并且生成的内容的质量较高。目前市面上 AIGC 工具较多，本节主要介绍几款常见的 AIGC 工具，见表 2-2。

表 2-2　常见的 AIGC 工具

| 工具名称 | 说明 |
| --- | --- |
| IBM Watson | 多功能的 AIGC 工具，可用于文本对话、自动化业务流程、IT 自动化以及数据安全治理 |
| Amazon Rekognition | 图像识别系统，主要用于图像和视频分析 |
| Midjourney | AI 绘画工具，主要用于 AI 图片生成 |
| FaceAPP | 人像编辑软件，主要用于编辑真人照片 |
| Synthesia | 视频合成软件，主要用于生成逼真和定制化的视频 |
| Notion AI | 智能办公助手 |

## 2.2.1　IBM Watson

IBM Watson 是一个多功能的 AIGC 工具。它拥有强大的认知能力，能够理解和处理各种类型的数据。无论是自然语言处理、机器学习还是数据分析，IBM Watson 都能提供高效的解决方案。许多企业已将 IBM Watson 应用于客户服务、医疗、保健、金融等领域，取得了显著的成果。

IBM Watson 的特点如下。

（1）强大的语言处理能力

IBM Watson 能够处理自然语言，理解和解析复杂的文本，同时具备情感分析能力，这使得它在处理大规模文本数据时高效又准确。

（2）多领域应用

IBM Watson 应用范围广，适用于医疗、金融、客户服务等不同领域。它可以根据不同行业的需求进行定制，提供相关的解决方案和建议。

（3）强大的机器学习和深度学习能力

IBM Watson 具备强大的机器学习和深度学习算法，可以通过分析大量数据进行模式识别和预测，这为企业决策提供了有力的支持。例如，在客户服务领域，IBM Watson 能够理解和回答客户的问题，及时提供准确的信息。这不仅能够解决客户的问题，还能提高企业的服务质量和效率。在医疗保健领域，IBM Watson 可以分析和解读大量的医疗数据，帮助医生做出更准确的诊断。此外，IBM Watson 还可以提供个性化的健康建议，帮助患者更好地管理自己的健康状况。

## 2.2.2　Amazon Rekognition

Amazon Rekognition 是亚马逊推出的一款基于 AIGC 的图像识别和分析工具。它可以识别图像中的对象、场景和人脸等信息，还能进行情感分析、文字识别等。

Amazon Rekognition 的应用场景如下。

（1）对象和场景识别

Amazon Rekognition 可以准确地识别图像中的对象、场景和特征。这可以帮助用户对产品、场景或事件进行快速分类、标记和搜索，提高图像管理的效率。

（2）人脸识别

借助先进的机器学习算法，Amazon Rekognition 可以快速识别人脸，包括面部特征、年龄、性别等信息。这在客户管理、安全监控、社交媒体分析等领域有着广泛的应用。

（3）情感分析

Amazon Rekognition 可以对图像中的人脸表情进行情感分析，判断出人物的情绪，如开心、悲伤、愤怒等。用户可以利用这项功能更好地分析消费者对产品的情感反应，优化广告和营销策略。

（4）文字识别

Amazon Rekognition 还可以识别图像中的文字信息，包括字体，如印刷体和手写体。这可以帮助用户轻松提取图像中的文本内容，以便进行后续的文字处理、翻译或内容识别等操作。

Amazon Rekognition 为企业提供了一种高效、准确的图像识别和分析解决方案。通过结合其他云计算服务，用户可以进一步拓展 Amazon Rekognition 在图像管理、广告分析、安全监控等领域的应用，提高业务效率和智能化水平。

## 2.2.3  Midjourney

Midjourney 是一个由 Midjourney 研究实验室开发的 AIGC 绘画工具。只要输入文字，Midjourney 就能产出对应的图片。用户可以选择不同画家的艺术风格，例如现实主义、印象派、表现主义和抽象主义等。此外，Midjourney 还能识别特定镜头或摄影术语。

Midjourney 可以生成各种图像和艺术作品，它提供了一个简单易用的界面，让用户可以通过调整参数和样式来创建独特的艺术作品。不仅如此，Midjourney 还提供了多种不同的艺术风格和样式，用户可以根据自己的喜好选择风格和样式，从而创作出多样化的作品。值得注意的是，尽管 Midjourney 能够生成各种图像和艺术作品，但它的作品仍然是基于 AI 技术的算法生成的，缺乏真正的创造力和情感，这可能导致生成的作品缺乏独特性和深度。

图 2-1 所示为 Midjourney 绘制的漫画图片。

图 2-1  Midjourney 绘制的漫画图片

### 2.2.4　FaceApp

FaceApp 是一款基于 AIGC 的人像编辑软件。它通过 AI 技术，让用户的照片呈现出各种有趣的效果。

FaceApp 提供了很多有趣和实用的功能，如换脸、改变年龄、添加妆容、改变发型等。这些功能可以让用户体验到不同的外貌和风格，增加乐趣和创意。此外，FaceApp 使用先进的图像处理算法，可以实现高质量的人脸编辑功能，无论是换脸、改变年龄还是添加妆容，处理的效果都更加逼真。

但 FaceApp 在处理用户照片时需要访问相册或获取拍照权限，并会将照片上传到其服务器进行处理。这有可能导致用户隐私数据的泄露。

### 2.2.5　Synthesia

Synthesia 是由 Synthesia 公司开发的基于深度学习和强化学习等 AIGC 技术的视频合成平台，它可以根据用户提供的文字或音频，以及用户选择或上传的人物形象，生成逼真、音画同步、定制化的视频。Synthesia 的目标是让视频制作变得更简单、更快速、更经济，节省用户的时间和预算。

使用 Synthesia 制作视频非常简单，用户只需输入文本即可创建具有真实感的虚拟人物主持的视频。Synthesia 允许用户创建数字化身，以多种语言制作演示文稿或培训视频。在技术方面，Synthesia 提供多种真人风格的 AI 头像，提供年龄、着装、用途三大类选择，用户在生成视频时，可以直接选择 AI 头像，也可以上传自己或他人的照片来定制一个专属的形象。这些 AI 头像都是找真人付费拍摄制作的，用户无须担心商业版权问题。此外，Synthesia 还提供免费在线生成视频体验服务，生成的人物动作自然，用户可以选择喜欢的音乐作为配乐。

值得注意的是，由于视频由大量连贯图片串联而成，当前市面上存在的基于 AIGC 的视频合成工具大多是先生成大量有密切关系的图片，然后将其拼接合成。但由于每张 AI 图片的绘制都具有一定的随机性，所以目前此类 AIGC 工具合成的视频并不足够稳定，还有极大的进步空间，但已经有一些可对不稳定的问题进行修正的插件。

### 2.2.6　Notion AI

Notion AI 是 Notion 官方推出的一款基于 AI 技术的写作工具，它能够帮助用户自动生成高质量、流畅的文章，现已全面开放，每个人都可以免费体验。

如果说 ChatGPT 是一个很好的聊天对象，那么 Notion AI 就是一个出色的写作助手。Notion AI 可以帮助用户更好地开展构思、写作、排版和总结提炼等工作，能够极大地提高工作效率。Notion AI 的最大特点就是可以自动生成文章，用户只需要输入关键词，Notion AI 就会自动生成一篇相关内容的文章。而且 Notion AI 不仅能生成新闻报道,还能够生成科技、商业、娱乐等领域的文章。

Notion AI 的技术架构基于 GPT-3 模型,利用预训练的方式来学习自然语言的语法和语义规律,并且可以根据用户的输入和需求来生成相应的文本。除此之外,Notion AI 的技术架构还包括数据预处理、模型训练和优化、算力优化和硬件部署等多个环节。

## 2.3 关键词

AIGC 的核心思想是利用 AI 模型,根据给定的关键词,例如主题、格式和风格等,自动创建各种类型的文本、图像、音频和视频等内容。因此,AIGC 可广泛应用于媒体、教育、娱乐、营销和科研等领域,为用户提供高品质和个性化的内容服务。

### 2.3.1 认识关键词

AIGC 技术使得计算机能够自动生成与文字相关的音频、视频、图像、文本等内容。比如在百度文心一言中输入"去云南旅游",就会出现很多由 AIGC 生成的相关的语音、文本内容;输入"轮船"这两个字,就可以生成一张轮船图片。在不同领域,AIGC 技术可以根据特定的关键词进行个性化推荐,如电商领域的"促销""折扣""购物节",新闻领域的"时政""经济""社会"等,从而帮助用户快速定位感兴趣的信息。

对自媒体来说,关键词的获取和使用是至关重要的。例如,在制作汽车评测的视频时可以在视频中嵌入关键词,如"实测性能"等,从而提高视频被目标用户发现的可能性。通过 AIGC 技术,用户可以在数以亿计的视频中快速准确地找到包含相关关键词的视频,节省了时间。

因此,关键词是指用户在搜索引擎中寻找相关内容时最有可能使用的信息,是用户希望了解的产品、服务或者公司等内容名称的用语。换句话说,关键词就是用户在使用搜索引擎时,输入的能够最大程度概括用户所要查找的信息的内容。

### 2.3.2 关键词与搜索引擎

搜索引擎产生于互联网发展初期,这个时期网站相对较少,新闻查找比较容易。然而随着互联网技术的飞速发展,网站越来越多,每天互联网网页数目以千万级的数量增加。要在浩瀚的网络新闻中寻找所需要的材料无异于大海捞针。为满足人们的新闻检索需求,搜索引擎应运而生。

#### 1. 什么是搜索引擎

能够获得网站网页资料、建立数据库并提供查询的系统都可以叫作搜索引擎。搜索引擎并不真正搜索互联网,它搜索的实际上是预先整理好的网页索引数据库。真正意义上的搜索引擎通常指的是收集了几千万甚至几十亿个网页,并对网页中的每一个词(即关键词)进行索引,建立索引数据库的全文搜索系统。当用户查找某个关键词的时候，所有内容中包含该关键词的网页都将作为搜索结果被搜出来，再通过复杂的算法对这些搜索结果进行排序，将其按照与搜索关键词的相关度由高到低依次排列。

### 2. AIGC 与搜索引擎

AIGC 是一种高级搜索引擎技术，它可以实现对海量信息的快速查询和整合。这种基于 AIGC 的搜索引擎可以支持更灵活的查询语言，可以更加准确地理解用户的查询需求。与传统的搜索引擎相比，AIGC 搜索引擎具有更强的信息筛选、理解和整合能力。以目前备受关注的 ChatGPT 为例，它所展示的内容在输出质量和覆盖维度方面已经与搜索引擎相媲美。不同于传统的搜索引擎，AIGC 搜索引擎返回的不一定是最直接的相关结果，而是经过加工处理后的信息。这意味着 AIGC 会对查询内容进行初步的浅层分析，从而降低用户处理信息的负担。AIGC 可以根据用户的需求，从大量的信息中筛选出相关的数据和知识，并通过分析、归纳和整理，将这些信息以更有条理、更易于理解的方式呈现给用户。此外，AIGC 还可以根据用户的查询条件，对信息进行分类、筛选和排序，从而帮助用户更快地找到所需的信息。

以智能推荐系统为例，智能推荐系统通过分析用户的历史搜索记录和行为，学习用户的兴趣和偏好，从而为用户推荐相关的关键词。智能推荐系统可以采用机器学习算法进行训练，利用自然语言处理技术对关键词进行提取和分类，从而实现精准推荐。同时，智能推荐系统还可以根据用户的反馈和评价进行优化和调整，以不断改进推荐质量。

随着技术的不断进步，AIGC 搜索引擎有望在未来成为一种更加智能、高效的信息获取工具，为用户带来更好的搜索体验。

## 2.4 提示词

提示词是 AIGC 中用于指导用户进行文本输入和内容生成的关键词汇。通过精心选择和设置提示词，用户可以更准确地表达需求，进而获得更满意的结果。

### 2.4.1 认识提示词

当用户与 AI 大模型对话时，用户提交的问题有一个专业的名称——Prompt（提示词）。提示词的设置可以影响模型处理信息的方式，从而影响最终的输出结果。提示词是用户提供给模型的一个初始输入或提示，用于引导模型生成特定的输出。

### 1. 提示词简介

提示词最初是研究者们为下游任务设计的一种特定输入形式，它的作用是帮助大模型"回忆"起自己在预训练时学习到的东西，因此又可以叫它提示词。而对大模型来说，提示词就是用户的输入，它可以是一个简单的问题，一段较长的文本，也可以是一组指令，这取决于用户的具体需求。

　　假如用户是产品经理，大模型是一名研发工程师，那么提示词就是需求。产品经理在提需求的时候，需要说明背景、版本要求、方案建议等信息，只有把需求描述得足够清晰，工程师才能够按照需求输出符合要求的代码，提示词就相当于人向大模型提需求时的需求文档。比如，我们在 ChatGPT 中输入：中国的首都是哪里？这个问题就是提示词。在生成回答的过程中，提示词的角色就像是大模型的导演，负责设计和优化指导大模型行动的语言提示。使用提示词了解大模型的工作原理，并能使用这些知识来优化语言提示，从而引导大模型产生更好的结果。

　　大模型生成内容时，会先处理提示词，再根据对其的理解进行输出。大模型的工作原理是根据用户的输入预测下一个词出现的概率，逐字生成下文。所以，提示词会直接影响输出结果的质量。

　　以 ChatGPT 为例，每一次人们与它对话时输入的内容都是一个提示词，而提示词直接决定了 ChatGPT 输出内容的质量。举个例子，新员工入职时需要填写个人信息，如果给他一张白纸，或者模糊的提示，他会疑惑要写什么，但如果给他一个表格，并给了"姓名""出生年月""岗位""性别"等提示，他就能快速按提示完成填写。提示词就可以理解为让白纸变成表格的提示。大模型可以生成任意内容，但需要通过提示词了解用户需要它生成什么内容。

### 2. 提示词原理

　　在使用类似于 ChatGPT 这样的 AIGC 文本生成智能应用时，很多人第一次听到"提示"这个词时总是感觉很奇怪，其实原因就是自然语言模型的运行逻辑和传统计算机的运行逻辑不同。

　　对传统计算机来说，计算机按指令执行，不存在提示计算机该怎么做。但语言模型不这样工作，NLP 语言模型的工作原理是不断地预测一句话中下一个应该出现的单词是什么，有点类似于词语接龙，也就是知道了上一个词，通过计算概率得知下一个词是什么。

　　例如：

> 问：今天我要去_____。提示：家里没菜了。
> 答：菜市场。

　　根据提示"家里没菜了"，AI 就会生成菜市场或者超市，或者生成更加复杂的输出。
又例如：

> 今天我想去_____。提示：很久没游泳了。
> 答：游泳池。

　　再例如：

> 今天我想去_____。提示：头发有点长了。
> 答：理发店。

　　简单来说，类似 ChatGPT 这样的语言模型做的是复杂的计算和逻辑推理，而不是执行指令或者从数据库里提取数据。从上面的例子可以看出"提示"是影响大模型生成答案的质量的重要因素。因此提示词的简洁与否、清晰程度、上下文联系的强弱都会直接影响生成答案的质量。提示词可以帮助模型更准确地理解用户的意图和需求，从而生成更加自然、流畅的文本。

通过获得合适的提示词，模型可以更好地理解文本的语境和上下文，从而生成更加准确和连贯的文本。提示词也可以帮助模型在生成文本时避免一些常见的语法和用词错误，进一步提升生成文本的质量。因此，在使用类似于 ChatGPT 这样的 AIGC 文本生成智能应用时，合适的提示词是至关重要的，它可以提高模型的准确性和可用性，让用户得到更好的体验。

**3．提示词实例**

下面是通过输入提示词与 AI 进行对话的实例。

---

问：ChatGPT是什么？

答：ChatGPT是一种基于深度学习的自然语言处理模型，它可以生成人类风格的文本。这种模型由OpenAI开发，最初是为了解决自然语言理解和生成的问题而设计的。ChatGPT使用了一种被称为Transformer的架构，该架构在许多自然语言处理任务中表现出色，包括问答、摘要、翻译等。

---

问：ChatGPT有什么优点？

答：ChatGPT作为一种先进的自然语言处理模型，具有许多显著的优点。首先，它能够生成高质量、连贯且自然的语言文本，这使得它在各种应用场景中都表现出色。其次，ChatGPT的强大能力使其能够理解和处理复杂的问题，从而为用户提供准确的答案和解决方案。此外，ChatGPT还具有快速响应和高度适应性的特点，能够在短时间内对用户的输入进行处理并给出相应的回应。

---

问：我计划编写一本关于生成式人工智能（AIGC）的书籍，但在开始之前，我需要确定一个合适的大纲框架来组织我的思路。这个框架应该包括哪些部分，以及如何将各个部分连接起来，以便读者能够理解并掌握AIGC的概念和应用。

答：首先，我会在书籍的开头介绍AIGC的基本概念和背景知识。这可能包括人工智能的发展历程、自然语言处理技术的进展以及AIGC在不同领域的应用案例。通过引入这些信息，读者可以对AIGC有一个初步的认识，并了解其重要性和潜力。

……

---

问：请帮我写一条朋友圈，表达我失眠的心情，同时体现我的文学才华。

答：亲爱的朋友们，今天夜晚我无法入睡，躺在床上翻来覆去，思绪万千。这失眠的夜晚让我想起了那句诗："孤灯不明思欲绝，卷帷望月空长叹。"仿佛在诉说着我此刻的心情，无法平静的思绪如同夜半的钟声，敲打着我的心扉。

---

问：莎士比亚的名句有哪些？

答：莎士比亚作为英国文学史上最杰出的戏剧家和诗人之一，他的作品中包含了许多经典的名句。以下是一些著名的莎士比亚名句：

"To be, or not to be, that is the question."（生存还是毁灭，这是个问题。）—— 来自《哈姆雷特》中的著名独白。这句话成了关于人生抉择和存在意义的经典表述。

"All the world's a stage, and all the men and women merely players."（整个世界都是一个舞台，男男女女只是演员。）—— 出自《皆大欢喜》中的一句警句，强调了人生的虚幻和戏剧性。

---

问：如何踢好足球？

答：踢好足球需要掌握一些基本技巧和策略，以下是一些建议。

学习基本技巧：熟练掌握传球、接球、射门、盘带、防守等基本技巧。这些技巧是足球运动的基础，只有掌握了这些技巧，才能在比赛中发挥出色。

提高体能：足球是一项对体能要求很高的运动，因此提高自己的体能非常重要。可以进行长跑、短跑、力量等训练，以提高自己的耐力、速度和爆发力。

## 2.4.2　提示词设计参考

【案例1】单词学习，参考提示词如下。

我想了解一些中餐厅菜单上的常见词汇，可以给我提供一些中文和英文对照的菜名和食材吗？

我打算去法国旅游，想了解一些法国美食的基本词汇，例如面包、奶酪、葡萄酒等，可以给我提供相关的单词和短语吗？

我要去机场，请给我提供一些在机场常用的英语单词和短语，例如登机口、行李、安全检查等。

我正在学习韩语，请给我提供一些常见的韩语词汇，并告诉我如何记忆和使用它们。

我想了解一些乘坐公共交通工具时使用的基本英语单词和短语，例如地铁、公交车、出租车等，可以给我提供相关的词汇吗？

我需要掌握一些关于旅行安全的英语词汇，例如警察、消防、急救等，以备不时之需，可以给我提供相关的单词和短语吗？

【案例 2】对话练习，参考提示词如下。

请与我进行一次英语日常对话，讨论有关天气、工作、家庭或娱乐方面的话题。

我正在学习西班牙语，请与我进行一次简单的西班牙语对话，例如问候、介绍自己或讨论旅游计划等。

我想提高我的英语听力和口语水平，请与我进行一次简单的英语听力练习，例如听取新闻、广告或对话等素材，并进行相关讨论。

我正在学习商务英语，请与我进行一次商务会话练习，讨论有关市场营销、商务合作或职业发展方面的话题。

我正在学习医学英语，请与我进行一次医学对话，讨论病症、治疗方案或医疗保健等话题。

我希望你能充当土耳其人英语发音助手的角色。我会给你提供句子，你只需要回答它们的发音，而不需要回答其他的东西。回复不能是我提供的句子的翻译，只能是发音。发音应该使用土耳其拉丁字母进行标注。回复中不要写解释。我的第一句话是"伊斯坦布尔的天气怎么样？"

我想提高我的英语口语表达能力，请与我进行一次话题讨论，讨论环保、社交媒体或健康生活等话题。

我正在准备考取法律英语证书，请与我进行一次法律对话，讨论有关合同、知识产权或公司法等话题。

【案例 3】作业辅导，参考提示词如下。

我不了解相关历史，请解释一下拿破仑在欧洲历史中的影响。

请解释一下诗《静夜思》的主题和作者在诗中传达的情感。

我想提高我的写作流畅度、词汇量和表达能力，你能否提供一些适合初学者的写作练习和指导。

请给我一些写故事和塑造人物的技巧和方法。

我正在写一篇关于我最喜欢的假期旅行的叙事文，能给我一些让故事更有趣的建议吗？

【案例4】生日礼物建议，参考提示词如下。

我的哥哥即将过生日，他是个健身爱好者。关于送他什么样的礼物，你能给我一些建议吗？

我需要一些适合男性朋友的生日礼物建议，最好能够结合男性的个性和兴趣爱好。

我想要一个个性化的生日礼物建议，可以结合我朋友的名字、生日、星座等元素来定制。

我想要一个创意十足的生日礼物建议，可以让我朋友感到惊喜和兴奋。

请为我推荐一些美食和美酒的生日礼物建议，以满足我朋友的味蕾和品位。

我想要一个实用的生日礼物建议，可以满足我朋友的需求，但也不会让我破产。

我需要一些适合旅行的生日礼物建议，可以让我朋友在旅途中更加舒适。

我女儿即将过生日，我想送她一个好看的儿童玩具，可以给我一些建议吗？

【案例5】购物建议，参考提示词如下。

我想购买一套家具，请推荐一些品牌和款式。

能否为我推荐一些受欢迎且评价良好的产品呢？

我需要购买一些办公用品，你有什么好的建议吗？

我想购买一些健康食品，你能为我推荐一些有机或天然的品牌吗？

能否请您提供一些关于这些产品的简短介绍或评价，以便我更好地了解产品的特点和优劣呢？

【案例6】职业发展，参考提示词如下。

您能否为我提供一些职业发展的实用建议？

我是一名软件工程师，您可以提供一些新的编程语言和技术，并告诉我如何创建一个成功的开源项目吗？

我需要你帮助我制订未来三年的细致规划，规划要结合网络与新媒体专业。

您能帮助我了解目前市场上最受欢迎的职业技能和相关工具吗？我想提高自己的竞争力，更好地适应未来职业市场。

我是一名教师，您可以提供一些关于如何设计教学计划和活动，以及如何更好地与学生和家长沟通的建议吗？

我希望了解如何利用我的技能和经验，在当前市场上找到最适合我的职业，您可以提供一些关于如何定位自己的建议吗？

【案例 7】商务写作，参考提示词如下。

我需要一份销售提案，向客户展示某产品的特点、优势和解决方案。您能够为我撰写这份销售提案吗？

我需要一篇热点事件的评论文章，要求有实时的报道、深入的分析、独特的观点和有意义的思考。请帮我撰写这样的文章。

我在写文章的开头，请你提供一些引人入胜的开头，尝试使用疑问、引用、故事、事实、比喻等来吸引读者的注意力，激发读者的阅读兴趣。

请写一封邀请客户参加某产品发布会的邮件，详细描述活动安排，为什么这次活动值得参加，以及如何进行注册。

我需要一篇旅游自媒体文章，要求有详尽的旅游攻略、独特的旅游体验、深入的旅游分析和有意义的旅游建议。您能够为我创作这篇旅游自媒体文章吗？

我需要一份商业计划书，展示我的商业理念、市场分析和未来的发展方向。计划书需要非常专业（包含尽量多的术语）且详细。

【案例 8】社交活动与聚会，参考提示词如下。

我想参加一个创业活动，请推荐一些活动和组织。

我们正在筹备婚礼，你有什么好的建议和推荐吗？例如，如何规划一个难忘的婚礼仪式和庆祝活动，如何选择合适的婚礼场地等。

我们公司要组织一个团队建设活动，你有什么好的活动建议和推荐吗？例如，哪些团队建设活动效果比较好，如何组织和安排团队活动等。

我们要组织一个文艺晚会，你有什么好的节目和创意建议吗？例如，如何选择适合不同年龄段观众的文艺节目，如何设计舞台和灯光等。

我们要组织一个户外野餐聚会，你有什么好的建议和推荐吗？例如，如何选择合适的场地和时间，如何准备食物和饮品，如何规划活动等。

【案例9】代码优化，参考提示词如下。

你能否帮我检查一下这段Java代码的命名规范，是否存在不必要的循环和递归，是否存在内存泄漏和空指针异常等问题，并提供相应的建议来提高代码的质量和可靠性。

如何优化Web应用以提高搜索引擎优化效果？例如使用合适的关键字、网站结构优化、链接建设等。

我正在开发一款区块链应用程序，如何优化代码以提高交易速度和减少交易费用？

对于使用Python编写的代码，如何优化代码以提高运行速度和减少内存占用？

我的Python代码存在内存占用过大的问题，如何优化代码以减少内存占用？例如使用生成器、避免不必要的动态内存分配等。

我想让我的代码更加可读和易于理解，你能否帮我检查一下我的代码中是否存在命名混乱、注释不清晰等问题，并提供相应的改进建议？

【案例10】演讲报告，参考提示词如下。

我们需要一位专家为我们介绍某主题的相关知识和趋势，你能为我们提供一份关于该主题的报告吗？

我需要做一个有关某主题的演讲或报告，您能为我提供一些关于如何准备和呈现演讲或报告的建议吗？

> 我们希望了解某主题的历史和现状，你能为我们做一个有关该主题的演讲或报告吗？

> 我们对于某主题的某些方面有一些疑问，希望你能为我们做一个关于该主题的演讲或报告，并解答我们的疑问。

> 我需要为一个关于心理健康的演讲做准备，能提供一些建议让演讲更有说服力吗？

【案例 11】教师教学设计，参考提示词如下。

> 我正在探索一种以社交媒体为主的教学方法，你能为我提供一些适合中学生的社交媒体平台和教学策略，并帮助我设计教学计划吗？

> 如何为高二数学课程设计一个全年的教学大纲？

> 我想要设计一门针对初中生的编程课程，如何制订一个有效的课程计划？

> 我想在课程中加入一些项目式学习的元素，你能为我提供一些适合初学者的项目和任务，并帮助我设计教学计划吗？

> 为了提高学生的阅读能力，我应该如何规划语文课程的阅读材料？

> 我正在规划一门关于某主题的课程，你能为我提供一些关于课程纲要和教学方法的建议吗？

## 2.5 提示工程

提示工程（Prompt Engineering）是大语言模型开发、训练和使用过程中的一个基本元素，涉及输入提示的巧妙设计，以提高模型的性能和准确性。ChatGPT 大火后，提示工程概念成为大众关注的焦点。许多人为了紧跟 AI 发展的步伐，不断地学习各类提示工程的技巧，以便能够更加高效地与 AI 进行对话，并解决现实生活中的问题。

### 2.5.1 认识提示工程

提示工程是一种利用 AI 生成内容的方法，用户需要给 AI 提供输入，AI 会根据输入生成输出（Response）。提示工程的难点在于如何设计合适的输入，让 AI 能够理解用户的意图和需求，并生成高质量的输出。

提示工程可以让人们更好地与 AI 对话，更好地利用 AI 的能力和潜力，从而更好地进行创作。

提示工程可以帮助我们解决各种问题，提高效率和质量，拓展思维和视野。提示工程不仅适用于语言模型，也适用于其他类型的 AI 模型，如图像模型、音频模型、视频模型等。提示工程是连接人类和 AI 的桥梁，是实现人机协同创新的关键。

值得注意的是，提示工程不仅仅关乎设计和研发提示词，它还包含了与大语言模型交互和研发有关的各种技能和技术。提示工程在实现和大语言模型交互、对接，以及大语言模型理解能力方面都起着重要作用。用户可以通过提示工程来提高大语言模型的安全性，也可以为大语言模型赋能，比如借助专业领域知识和外部工具来增强大语言模型的能力。

### 1. 提示工程要素

在提示工程中输入的提示词可以包含以下要素。

（1）指令（Instruction）：希望 AI 执行的特定任务或指令，常见的指令包括写入、分类、总结、翻译、排序等。例如，"请将以下文本翻译成英文""请对以下文章进行分类"等。用户输入的指令应该清晰明了，以便 AI 能够准确理解任务要求。

（2）上下文（Context）：提供 AI 所需的背景信息或上下文，以帮助 AI 理解任务并生成相关输出。上下文可以是对问题的描述、场景的背景、先前的对话等。通过提供上下文，AI 可以更好地理解任务的具体要求。

（3）示例（Examples）：提供一些示例以帮助 AI 理解任务的具体要求和期望的输出格式。示例可以是实际的问题和答案、对话片段、文本段落等。通过提供示例，AI 可以生成与示例类似的输出。示例可以是已经存在的数据样本，也可以是手动创建的样例。它们可以展示期望的输出样式或结构，并指导 AI 生成符合要求的输出。

（4）限制条件（Constraints）：指定 AI 在执行任务时应遵循的限制条件。这些限制条件可以是特定的格式要求、输出的主题或内容要求、输出长度限制等。设置限制条件可以使模型的输出满足特定需求。例如，在生成文本的任务中，可以限制输出长度，避免生成内容过长。

（5）目标（Objective）：明确指定 AI 需要达到的目标或期望的结果。目标可以是生成特定类型的回答、提供特定类型的建议、解决特定类型的问题等。明确的目标可以帮助 AI 更有针对性地生成输出。

值得注意的是，以上这些要素是否出现取决于具体的任务，要素也不局限于上述 5 点。表 2-3 所示为提示工程中指令的详细描述，表 2-4 所示为提示工程中上下文的详细描述，表 2-5 所示为结合不同的要素来构建有效的提示词。

### 表 2-3 指令的详细描述

| 相关含义 | 描述 |
| --- | --- |
| 定义 | 指令是用户向 AI 发出的具体、明确的命令或请求，用于指导 AI 生成特定类型的内容 |
| 作用 | 指令为 AI 提供了清晰的目标，使其知道应该生成什么类型的内容（如文章、图像、音频等），指令中可能包含生成内容所需的参数，如风格、主题、长度等，这些参数帮助 AI 更好地理解用户的需求 |
| 构成 | 指令中通常包含一些关键词，这些关键词指示 AI 生成内容的主题或类型 |
| 传递方式 | 文本输入、语音输入以及图形界面输入 |

| 相关含义 | 描述 |
| --- | --- |
| 多样性 | 在 AIGC 中，指令的多样性是其核心优势之一。通过不同的指令组合，AI 可以生成丰富多样的内容 |
| 安全性 | 在制定指令时，需要考虑到安全和伦理问题。用户应避免发出可能产生误导或包含有害内容的指令，确保 AI 生成的内容符合社会道德和法律规定 |

在 AIGC 的实际应用中，例如，在使用 Midjourney 这样的 AI 绘画工具时，用户可以通过输入文本指令（如 "想象宁静的海滩日落"）来指导 AI 生成相应的图像。这个提示词中包含场景类型（海滩）、时间（日落）和氛围（宁静）等元素，Midjourney 这样的 AI 绘画工具会根据这些信息，结合其训练的数据和算法，生成一幅宁静的海滩日落图像。

**表 2-4　上下文的详细描述**

| 相关含义 | 描述 |
| --- | --- |
| 定义与范围 | 上下文通常包括用户之前的输入、历史交互记录、当前的环境设置以及其他可能影响内容生成的信息，上下文可以是一个宽泛的概念，涵盖从简单的单词、短语到复杂的对话、场景等 |
| 作用与重要性 | 上下文帮助 AI 理解用户的真实意图，尤其是在指令模糊的情况下。通过考虑上下文，AI 可以生成与用户当前讨论话题、兴趣或需求相关的内容 |
| 类型与来源 | 文本上下文包括用户之前的输入、对话历史、文档内容；环境上下文包括用户的位置、时间、设备类型等，这些信息可能影响内容的生成；用户的历史行为、偏好设置等也是上下文的一部分，它们可以指导 AI 生成更符合用户需求的内容 |

**表 2-5　结合不同的要素来构建有效的提示词**

| 要素组合 | 描述 |
| --- | --- |
| 指令 + 上下文 + 示例<br>请将以下文本翻译成英文。<br>原文：我爱你。示例：I love you | 这个提示词告诉 AI 需要执行的任务是将给定的文本翻译成英文，同时提供了原文和示例作为上下文和参考 |
| 指令 + 上下文 + 限制条件 + 目标<br>请对以下文章进行分类，并给出文章属于每个类别的概率。限制条件：只使用机器学习算法进行分类。目标是提供准确的分类结果 | 这个提示词告诉 AI 需要对给定的文章进行分类，并提供了一些限制条件和目标，以指导模型生成期望的输出 |
| 指令 + 上下文 + 参数 + 反馈<br>请根据以下用户偏好生成个性化推荐。<br>参数：用户喜欢科幻电影、喜剧片和动作片。反馈：提供的推荐中多包含一些浪漫电影会更好 | 这个提示词告诉 AI 需要根据用户的偏好生成个性化推荐，并提供了参数和反馈来进一步定制输出 |
| 指令 + 上下文 + 示例 + 目标<br>请写一篇关于旅行的博客文章，字数在 800 到 1000 字之间。<br>示例：我最近去了巴黎旅行，我在那里参观了埃菲尔铁塔和卢浮宫。目标是吸引读者并提供有用的旅行建议 | 这个提示词告诉 AI 需要写一篇关于旅行的博客文章，并提供了示例和目标来帮助 AI 理解任务要求 |

这些示例展示了如何根据具体任务的需求，结合不同的要素来构建有效的提示词，以获得更好的结果。通过给出明确的指令、提供上下文信息等，模型可以生成符合要求的输出。

例如，如果我们想让 AI 为我们生成一首诗，可以使用以下提示词。

> 问：写一首七言绝句，主题是春天。
>
> 答：春色满园关不住，花开如锦舞翩跹。清风拂面心舒畅，万物复苏展新颜。
>
> 春风吹拂花开放，万物复苏生机旺。绿草如茵鸟儿啼，春天美景真可爱。
>
> 春日暖阳照人心，花开满园香气浓。蝴蝶飞舞鸟儿唱，春天美景乐无边。

这个提示词包含了一个指令（写一首七言绝句）和一个上下文（主题是春天），AI 能够根据提问来进行相应的回答，最终生成用户想要的内容。

又例如，我们想让 AI 来扩写句子。

> 问：根据下面的词语扩写出一个句子
>
> 天空
>
> 答：蔚蓝的天空中飘着几朵白云。

我们告诉 AI 要扩写出一个句子，所以 AI 给出了一个完整的句子。这种设计最优提示词以指导模型完成任务的方法就是提示工程。上面的例子是对当前大语言模型的使用方法的基本说明，当前的大语言模型能够执行各种高级任务，包括文本摘要、数学推理和代码生成。

值得注意的是，人们需要进行大量实验以获得最优提示词，尝试不同的指令与不同的关键字、上下文和数据，并观察哪种方法最合适。

### 2. 提示工程中的技巧

提示工程技巧有助于用户更好地理解大语言模型的功能和局限性。研究人员使用提示工程来提高大语言模型在各种常见和复杂任务中的能力，如问答和算术推理。

此外，当人们需要完成一个大任务时，可以尝试将任务分解为简单的子任务，这样避免了在提示设计过程中一开始就添加过多的提示词而导致结果混乱的问题。

提示工程中的技巧运用实例如下。

（1）使用分隔符，如"###"来分隔指令和上下文，如下所示。

> 问：### 指令 ###将以下文本翻译成中文：hello!
>
> 答：你好!

又例如：

> 问：### 指令 ###将以下文本翻译成西班牙语：hello!
>
> 答：Hola!

（2）从一段文本中提取特定信息的提示词如下所示。

> 问：提取以下文本中的地名。所需格式：地点：<逗号分隔的公司名称列表>输入：
> 虽然这些发展对研究人员来说是令人鼓舞的，但仍有许多谜团。重庆渝中区的研究专家

说："我们的大脑展示的图像和眼睛看到的事物之间有一个黑匣子。"

答：地点：重庆渝中区

又例如：

问：提取以下文本中的人名。所需格式：人名：<逗号分隔的人名列表>输入：虽然这些发展对研究人员来说是令人鼓舞的，但仍有许多谜团。重庆渝中区的研究专家owen说："我们的大脑展示的图像和眼睛看到的事物之间有一个黑匣子。"

答：人名：owen

再例如：

问：提取以下文本中的考试分数。所需格式：考试分数：<逗号分隔的分数列表>输入：小红最近学习很认真，在期末考试中语文考了98分，数学考了99分，历史考了95分。

答：考试分数：98分，99分，95分

（3）生成数据的应用。

生成数据是指利用 AI 的文本生成能力，通过有效的提示策略，引导 AI 生成更好、更一致和更准确的数据，并将生成的数据用于各种实验和测试。我们可以使用 AI 来生成一些情感分析的实例。

问：生成10个情感分析例子。将示例归类为积极或消极。生成10个积极的示例。使用以下格式：问：<句子>答：<情感>

问：我今天早上吃了一顿美味的早餐。答：积极。

问：我刚刚完成了一项重要的工作任务。答：积极。

问：我的朋友刚刚给我发了一封鼓励的电子邮件，让我很受鼓舞。答：积极。

问：我昨天晚上看了一部非常有趣的电影，笑得肚子都疼了。答：积极。

问：我在公园里遇到了一个陌生人，我们聊得很开心，最终成为好朋友。答：积极。

问：我刚刚收到了一封来自学校的录取通知书，我感到非常激动和自豪。答：积极。

问：我的猫咪最近学会了一些新的技能，我觉得很惊讶和高兴。答：积极。

问：我刚刚度过了一个美好的周末，和家人一起去了海滩，享受了阳光和海浪。答：积极。

问：我最近开始学习一门新的语言，虽然有些困难，但我觉得很有挑战性，也很有趣。答：积极。

问：我刚刚收到了一封来自老板的表扬信，因为我在工作中的表现得到了认可和赞赏。答：积极。

问：生成5个情感分析例子，表现一个人的心情。将示例归类为积极或消极。使用以下格式：问：<句子 > 答：<情感 >

> 问：我今天过得很开心。答：积极。
>
> 问：这部电影真的很糟糕，我看了一半就离场了。答：消极。
>
> 问：我刚刚完成了一项重要的工作任务，感觉非常满足。答：积极。
>
> 问：我的手机屏幕破了，真是太倒霉了。答：消极。
>
> 问：我刚刚收到了一封来自老板的表扬信，心情非常愉快。答：积极。

这些输出就是一些简单的情感分析例子，它们符合输入中给出的要求。当然，这些输出并不是唯一的结果，不同的 AI 可能会生成不同风格或质量的内容。通过生成数据，我们可以快速地获取一些样本数据，用于训练或评估我们自己的情感分类器。

（4）零样本提示。

零样本提示是指利用 AI 的零样本能力，通过简单的提示，让 AI 在没有任何示例的情况下执行任务。常见的应用是使用 AI 来进行文本分类。例如：

> 问：将文本分类为中性、负面或积极。文本：我今天迟到了。情感：
>
> 答：负面

又例如：

> 问：将文本分类为中性、负面或积极。文本：我今天减肥成功了。情感：
>
> 答：积极

再例如：

> 问：将文本分类为中性、负面或积极。文本：今天下雨了。情感：
>
> 答：中性

这个输出（答案）就是一个简单的分类（Classification）结果，它符合输入中给出的要求。当然，这个输出并不是唯一可能的结果，不同的 AI 可能会生成不同风格或质量的内容。通过零样本提示，我们可以让模型利用其内部知识和语言理解来执行各种任务。

（5）小样本提示。

小样本提示是指利用 AI 的小样本能力，通过在提示中提供一些示例，让 AI 在有限的数据下执行任务。例如：

> 问：根据以下上下文回答问题。保持答案简短明了。如果不确定答案，请回复"Unsure about the answer"。文本：
>
> 1月2日，曼联官方宣布，球队中场范德贝克租借至法兰克福半年，买断费为1400万欧元。26岁的范德贝克，本赛季仅为曼联出场2次，他已经不在滕哈格的计划之中。
>
> 提问：范德贝克是哪支球队的球员？
>
> 答：范德贝克是曼联的球员。

又例如：

> 问：根据以下上下文回答问题。保持答案简短明了。如果不确定答案，请回复"Unsure about the answer"。文本：
>
> 经文化和旅游部数据中心测算，元旦假期3天，全国国内旅游出游1.35亿人次，同比增长155.3%，按可比口径较2019年同期增长9.4%；实现国内旅游收入797.3亿元，同比增长200.7%，较2019年同期增长5.6%。假期全国文化和旅游市场平稳有序。假日期间，城乡居民出游意愿强烈，文化参与氛围浓厚，音乐节、演唱会，家人和亲友集体出游趋于增加。旅游市场呈现"冰雪休闲、文化参与，本地出游、个性消费，人间烟火、欢乐祥和"的总体特征。
>
> 提问：范德贝克是哪支球队的球员？
>
> 答：Unsure about the answer.

再例如：

> 问：大熊猫是我国的一种可爱的动物。一个使用"大熊猫"这个词的例句是"我们在四川旅行时看到了这些非常可爱的大熊猫。""兴高采烈"是指兴致高，精神饱满。生成一个使用"兴高采烈"这个词的例句。
>
> 答：孩子们在游乐园里玩得兴高采烈，笑声不断。

在这个例子中，任务是在句子中正确使用一个新词。

（6）思维链推理。

大语言模型被视为一个巨大的知识库，它可以根据用户提出的问题来提供答案。就像人类可能会根据问题的不同提供不同的答案一样，大语言模型也可以根据不同的输入给出不同的答案。因此，提出的问题就显得非常重要。

推理能力是人类智能的核心能力之一。随着预训练技术的不断发展，大模型已经具有惊人的推理能力，引起了学术界、工业界的广泛关注。思维链通过将复杂问题分解为更易于解决的小问题，为大语言模型推理提供了一个更结构化的提示框架。思维链被认为是最具开拓性和影响力的提示工程技术之一，它可以提升大语言模型在决策过程中的表现。与传统的提示方法强调直接的输入和输出互动不同，思维链迫使模型将推理过程分解为一系列步骤。这种方法类似于人类的认知过程，将复杂的挑战分解为更小、更易于解决的问题。

对提示工程来说，其侧重点是解决复杂语义理解问题，而要验证模型是否具备解决这种问题的能力，可以观察 AI 是否能解决复杂逻辑推理问题。

例如：

> 问：小罗有5个网球，他又买了2盒网球，每盒有3个网球，请问他现在总共有多少个网球？
>
> 答：小罗原本有5个网球，他又买了2盒网球，每盒有3个网球。

所以，他买的网球总数是：2×3 =6个。

现在，小罗总共有：5+6 =11个网球。

又例如：

问：食堂总共有33个苹果，如果用掉20个苹果，然后又买了6个苹果，请问现在食堂总共有多少个苹果？

答：食堂原本有33个苹果，用掉20个后，剩下的苹果数量是：33-20 =13个。

然后，又买了6个苹果，所以现在食堂总共有：13+6 =19个苹果。

答案是现在食堂总共有19个苹果。

这个推理题明显更加复杂一点，即食堂不仅增加了 6 个苹果，而且还消耗了 20 个苹果。因此AI 需要进行推理才能做出正确判断。

再例如：

问：当我10岁时，我的妹妹是我的一半年龄。现在我30岁了，我的妹妹多大？

答：当你10岁时，你的妹妹是你的一半年龄，所以她当时是5岁。那时你们之间的年龄差是5岁（10岁-5岁=5岁）。

现在你30岁了，所以你的妹妹现在是30岁-5岁=25岁。

更加需要推理的例子：

问：如果有10个人玩数三退一游戏，最后一个剩下的人是第几个？

答：数三退一游戏的规则是：所有人围成一个圈，从1开始数，每数到3的人退出，依次类推。我们可以将这个过程看作是每次减1，直到剩下一个人为止。

我们可以通过模拟整个过程来解决这个问题。首先我们使用一个列表来表示10个人，编号从1到10。

以下是模拟的步骤：

初始状态：[1, 2, 3, 4, 5, 6, 7, 8, 9, 10]

淘汰第3个人，剩下：[1, 2, 4, 5, 6, 7, 8, 9, 10]

淘汰第6个人，剩下：[1, 2, 4, 5, 7, 8, 9, 10]

淘汰第9个人，剩下：[1, 2, 4, 5, 7, 8, 10]

淘汰第2个人，剩下：[1, 4, 5, 7, 8, 10]

淘汰第7个人，剩下：[1, 4, 5, 8, 10]

淘汰第1个人，剩下：[4, 5, 8, 10]

淘汰第8个人，剩下：[4, 5, 10]

淘汰第5个人，剩下：[4, 10]

淘汰第10个人，剩下：[4]

所以，最后一个剩下的人是第4个人。

基于上述的推理过程，可以说大语言模型能够发现数字之间的潜在概率关系，具备数学运算或复杂推理能力，这是很强的能力。

（7）问答提示。

问答提示允许 AI 生成回答特定问题的文本。

常用格式如下。

回答以下事实性问题：[问题]

例如：

> 问：回答以下事实性问题：太阳从西边升起。
>
> 答：太阳从西边升起这一事实性问题，实际上是一个不符合地球自转规律的现象。根据我们所了解的，太阳总是从东方升起，然后在西方落下。这是因为地球自西向东自转。然而，在某些特殊情况下，如日食或月食时，太阳和月亮可能会遮挡地球表面的部分区域，导致太阳看起来像是从西边升起或落下。但这种情况罕见，且并不影响地球自转的基本规律。所以，从字面上理解，太阳从西边升起这一说法是不正确的。

又例如：

> 问：回答以下事实性问题：北京是中国的首都。
>
> 答：北京，位于中国的华北地区，是中国的首都。这座城市拥有悠久的历史和丰富的文化遗产，同时也是中国政治、经济、文化和科技的中心。自1949年中华人民共和国成立以来，北京一直担任着国家首都的角色，见证了中国的发展和变革。

（8）摘要提示。

摘要提示允许 AI 生成给定文本的概要，同时保留其主要思想和信息。常用于文本摘要和信息压缩等任务。

常用格式如下。

用一句话总结新闻文章[新闻文章]

使用一段简短的话来总结书籍[书名]

使用一段简短的话来总结电影[电影名]

例如：

> 问：使用一段简短的话来总结书籍《西游记》。
>
> 答：《西游记》是一部古典神魔小说，讲述了唐僧师徒四人历经九九八十一难，最终取得真经的故事。这部作品以丰富的想象力、幽默的语言和深刻的哲理，展现了一幅宏大的神话世界画卷，被视为中国古典文学的瑰宝。

（9）代码提示。

AI 可以帮助人们编写代码，我们只需要把需求清楚地告诉 AI，如告诉 AI 用什么语言开发以及需要执行什么样的任务等。例如：

> 问：在Python笔记本中生成随机的10个点，给出代码。
>
> 答：import numpy as np
>
> x = np.random.rand(10) # 生成10个随机数作为x坐标
>
> y = np.random.rand(10) # 生成10个随机数作为y坐标
>
> print(x) # 输出x坐标
>
> print(y) # 输出y坐标

运行以上代码，将会输出 10 个随机的 *x* 和 *y* 坐标。

又例如：

> 问：在Python笔记本中生成一个函数，用于计算两数之和，给出代码。
>
> 答：def add(a, b): return a + b
>
> 这个函数接收两个参数a和b，返回它们的和。你可以在你的Python笔记本中调用这个函数来计算任意两数之和。例如，add(2, 3)将返回5。

以上 AI 生成的代码可以直接在 Python 中运行。

## 2.5.2 提示工程实战

### 1. 提示词的常见类型

使用提示工程，首先要了解提示词的各种类型和结构。表 2-6 所示为提示词的常见类型，如显式提示、对话提示、指令性提示、基于上下文的提示、开放式提示以及代码生成提示等。表 2-7 所示为提示词的常见结构，如细节性结构、复合式结构、情境式结构、引导性问题结构、案例引入结构、任务分解结构、格式与风格要求结构、情感色彩结构、互动式结构、可视化结构以及故事化结构等。

表 2-6　提示词的常见类型

| 提示类型 | 类型描述 | 举例 |
| --- | --- | --- |
| 显式提示 | 清晰而有针对性地为大语言模型提供了一个简单的任务或一个需要回答的问题 | 写一篇关于一个小女孩发现了一把神奇的钥匙，打开了通往另一个世界的大门的短篇童话故事；<br>绘制一幅高分辨率的风景画，突出天空和水面上的细节；<br>创作一首充满希望和力量的诗歌，强调对未来的美好期许 |
| 对话提示 | 让用户以一种更自然的方式与大语言模型进行交互 | 问：嗨，Owen！你能给我讲一个关于猫的笑话吗？<br>答：当然可以！为什么猫喜欢抓老鼠？因为它要练瑜伽，需要抓住老鼠作为平衡练习！ |

续表

| 提示类型 | 类型描述 | 举例 |
|---|---|---|
| 指令性提示 | 提供具体的细节或参数，指令性提示常常设定一个目标，同时给出一些限制条件或要求 | 生成一篇关于人工智能发展潜力的文章，要求包含至少 3 个案例，并在结尾给出结论；<br>编写一个悬疑故事，要求包含 3 个转折点，并在 500 字以内完成 |
| 基于上下文的提示 | 基于上下文的提示为 AI 提供了更多信息，这有助于 AI 提供更准确、更有用的答案。这些信息常常包括特定领域的术语或背景信息，以帮助 AI 了解当前的对话或主题 | 我计划下个月前往上海旅行。你能给我推荐一些受欢迎的旅游景点吗？ |
| 开放式提示 | 开放式提示鼓励 AI 给出更长、更详细的答案。开放式提示可以帮助用户创造性地写作 | 请告诉我大数据技术给社会带来的影响；<br>想象一下未来的交通工具是什么样子；<br>设计一款能够帮助人们提高注意力的应用程序，要求融合多种功能并给出详细的功能规划 |
| 代码生成提示 | 由于 AI 是用公共领域的代码库训练的，所以它们可以用各种语言生成代码片段。代码生成提示是要求 AI 以一种特定的语言生成代码的提示。提示应该是具体而清晰的，并提供足够多的信息，以便 AI 生成正确的答案 | 编写一个 Python 函数，接收整数列表作为输入，并返回列表中所有奇数的和 |

表 2-7　提示词的常见结构

| 结构名称 | 结构描述 | 举例 |
|---|---|---|
| 细节性结构 | 在指令中明确具体的参数和要求 | 制作一个 3D 模型，要求确保模型的细节表现力 |
| 复合式结构 | 提出多个指令和要求，并考虑它们的实现 | 请编写一篇关于环境保护的演讲稿，要求使用至少 3 种不同的论证方法，并在演讲中融入相关数据和案例来支撑观点 |
| 情境式结构 | 先设定一个具体的背景，再描述情节或事件 | 在某所高校的毕业典礼上，创作一个关于毕业生献花给教师的故事 |
| 引导性问题结构 | 通过一系列问题来引导 AIGC 进行思考和创作 | 你认为人工智能对未来教育的影响有哪些？可以从教学方法、学习方式等方面进行思考 |
| 案例引入结构 | 先提供一个具体的案例，再要求 AIGC 根据案例进行拓展思考或创作 | 比较 3 部现代艺术作品的风格和创作手法，分析它们之间的异同点 |
| 任务分解结构 | 将一个总任务分解成若干个子任务，每个子任务都有明确的完成要求 | 编写一篇短篇小说，要求包含 5 个情节转折点。每个转折点都要有足够的铺垫和引导 |
| 格式与风格要求结构 | 明确提出内容的格式和风格要求 | 撰写一份报告，要求包含摘要、正文和结论，正文部分需分为 3 个小节 |
| 情感色彩结构 | 使用积极、正面的词汇来引导 AIGC 进行内容生成 | 描述一次令人愉快的旅行经历，强调自然美景和友善的人们 |
| 互动式结构 | 以提问和回答的方式与 AIGC 进行互动，引导其思考和生成内容 | 你最喜欢的颜色是什么？为什么？ |

| 结构名称 | 结构描述 | 举例 |
| --- | --- | --- |
| 可视化结构 | 要求 AIGC 在生成文字描述的同时，能够生成相应的图像或图表 | 描述一个城市的夜景，并生成相应的城市夜景图片 |
| 故事化结构 | 要求 AIGC 构建一个完整的故事情节，并设定相应的角色 | 编写一个关于一位年轻音乐家成长的故事，描述其在追求音乐梦想过程中的挫折与成功 |

需要注意的是，这些结构可以单独使用，也可以根据实际需求组合使用，以获得更加丰富和多样化的生成内容。在应用这些结构时，需要注意根据不同类型的提示词和 AIGC 的特点进行调整和完善，以确保达到最佳的内容生成效果。同时，也需要注意遵守相关的法律法规和伦理规范，确保生成的内容的合法性和道德性。

**2. 提示词使用的注意事项**

在现阶段，用户和 ChatGPT、文心一言等大语言模型进行交互时，主要还是利用提示词。因此，掌握提示词的用法，是我们有效利用 AIGC 提升工作和学习效率的第一步。

优质的提示词并没有明确的标准，但从搜集到的资料和实践来看，优质的提示词应该具备以下特点。

（1）清晰明确，适度简洁

提示词应该尽可能地清晰明了，让 AIGC 能够清楚地知道我们想要什么样的内容，例如指定生成内容的类型、格式、长度、风格、语言等。

> 问：生成一段长度为200字左右的中文短文，风格为诗意，描述夏日的清晨景色，包括天空和自然环境以及人物的感受。
>
> 这个提示词清晰明确地指定了生成内容的类型（中文短文）、长度（200字左右）、风格（诗意）和主题（夏日清晨景色）。它限定了生成内容的长度，提供了对所描述事物的具体要求，并明确了要传达的感受和氛围。
>
> 答：夏日的清晨，阳光从东方的天际缓缓升起，天空被染成了一片淡淡的粉红色，仿佛是大自然的画布上涂抹了一层柔和的颜料。微风轻拂过树梢，发出沙沙的声音，宛如一首优美的交响乐。此时的自然环境充满了生机与活力，鸟儿在枝头欢快地歌唱，蝴蝶在花丛中翩翩起舞，一切都显得那么和谐美好。

而当我们输入的提示词发生变化时，结果也会有所不同。

> 问：生成一段长度为200字左右的中文短文，描述夏日的景色，包括天空和自然环境以及人物的感受。
>
> 答：在这个炎热的夏日，阳光如同一把无情的剑，穿透云层，直射在大地上。天空湛蓝如洗，仿佛是一块巨大的蓝宝石。白云悠悠地飘过，形态各异，时而像一群悠闲的绵羊，时而像一条腾空而起的巨龙。微风拂过，带来一丝丝凉意，让人感受到了夏天的清爽。

（2）避免歧义

提示词应该易于理解，尽量不要使用容易产生歧义的表述。例如"介绍人工智能，不要太长"是一个不太好的提示词，因为对文章长度的要求过于模糊。可以将其改为以下提示词：

介绍人工智能，300 字以内。

为了避免产生类似歧义，通常需要使用更加准确的提示词，如：

> 介绍人工智能的基本概念和应用领域，500 字以内。
> 分析人工智能在医疗领域的应用案例，300 字以内。
> 探讨人工智能对就业市场的影响，500 字以内。
> 讨论人工智能的发展趋势和未来前景，300 字以内。
> 研究人工智能在教育领域的应用，500 字以内。

例如，在描述一个人的职业时，可以说"他是一名医生"，而不是"他是一个治疗病人的人"。前者明确指出了他的职业是医生，而后者可能会引起歧义，因为治疗病人的人可能是护士、药剂师、麻醉师等。为了避免产生类似歧义，通常需要使用更加准确的提示词，如：

> 她是一名律师。
> 他是一名教师。
> 她是一名工程师。
> 他是一名警察。
> 她是一名厨师。
> 他是一名建筑师。

又例如，在指示方向时，可以说"向左转"或"朝东走"，而不是"向左拐"。前者明确指出了需要转动的方向，而后者可能会引起歧义，因为左拐可能意味着向左转或掉头。为了避免产生类似歧义，通常需要使用更加准确的提示词，如：

> 向前走。
> 向右转。
> 向上爬。
> 向后看。
> 向左倾斜。
> 向右延伸。
> 向前跳。

再例如，在提出要求时，可以说"请给我一杯水"，而不是"请给我一杯饮料"。前者明确指出了所需的物品是水，而后者可能会引起歧义，因为饮料可以是茶、咖啡、果汁等。为了避免产生类似歧义，通常需要使用更加准确的提示词，如：

> 请给我一张A4纸。
>
> 请给我一支笔。
>
> 请给我一把剪刀。
>
> 请给我一个苹果。
>
> 请给我一瓶牛奶。
>
> 请给我一双袜子。
>
> 请给我一本小说。

（3）使用正向提示词

在与 AIGC 交互的过程中，使用正向提示词是用户指定生成内容的一种方式。这些提示词通常由多个单词、词组或短句构成，并以逗号进行分割。例如，当用户想要生成一张具有特定特征的图像时，可以输入"一只猫在沙发上睡觉"，这就是将正向提示词输入模型中。

与正向提示词相对的是反向提示词，这类提示词的作用是排除不希望出现在生成内容中的特定特征。例如，如果用户不希望图像中出现沙发，那么"无沙发"就是一个反向提示词。值得注意的是，在实际使用过程中，用户需要精心设置提示词，以准确地描述需求。

以下是一些正向提示词的实例。

> 问：生成一张包含"一只狗在草地上玩耍"的图片。
>
> 问：生成一张包含"一个男孩在吃冰淇淋"的图片。
>
> 问：生成一张包含"一群鸟在天空中飞翔"的图片。
>
> 问：生成一张包含"一只猫在沙发上睡觉"的图片。

### 3. 常见的优质提示词

常见的优质提示词需要明确任务或需求，限定范围或主题，指定格式或结构，指定语气或风格。

例如，在写作任务中，好的提示词应该明确任务要求和约束条件，如"写一篇关于电影《阿甘正传》的文章，包括剧情介绍、角色分析、导演风格等方面的内容"，这样的提示词既包含任务的具体要求，也给出了具体的约束条件，有助于引导模型进行更深入的内容创作。

（1）明确任务或需求

在提示词中清楚地指明任务或需求，如撰写、描述、解释、比较、总结等。例如，"写一篇关于人工智能的简介"就明确了任务是写一篇简介，而"分析人工智能在医疗领域的应用案例"则明确了需求是对具体案例进行分析。

> 问：请描述一下泰山的历史和文化意义。
>
> 答：泰山，位于中国山东省泰安市，是中国五岳之首，被誉为"天下第一山"。自古以来，泰山就有着丰富的历史和文化内涵，是中华民族的精神象征。在保证原意不变

的前提下，我将为您详细描述泰山的历史和文化意义。

泰山的历史可以追溯到远古时期，那时的人们就已经信仰泰山，并将其视为神灵的居所。后来，泰山成为帝王封禅的地方。封禅是古代皇帝向天地神明表示敬意的重要仪式。泰山的名字也因此传遍了四海，成了中华民族的精神图腾。

---

问：请解释11人制足球比赛的规则。

答：11人制足球比赛是由两支各有11名球员（包括1名守门员）的队伍进行的比赛。以下是一些关于11人制足球比赛的规则：

比赛场地应为长方形，其长度不得多于120米或少于90米，宽度不得多于90米或少于45米（国际比赛的场地长度不得多于110米或少于100米，宽度不得多于75米或少于64米）。

比赛时间为90分钟，分为两个半场，每个半场45分钟。

（2）限定范围或主题

在提示词中指定特定的主题、领域或背景，以便模型生成与之相关的内容。优质的提示词应该明确限定文章的范围或主题，避免过于模糊或宽泛的描述。例如，"介绍人工智能的基本概念和应用领域"就限定了文章的主题是人工智能的基本概念和应用领域，而"探讨人工智能对就业市场的影响"则限定了文章的范围是就业市场。

---

问：分析人工智能在医疗领域的应用案例。

答：人工智能在医疗领域的应用案例有很多，以下是一些常见的应用场景。

医学影像诊断：利用深度学习算法对医学影像进行分析和识别，帮助医生更准确地判断病变情况。例如，谷歌公司开发的DeepMind系统可以自动检测眼底图像中的糖尿病视网膜病变。

疾病预测和预防：通过分析大量的患者数据和基因信息，建立预测模型，帮助医生提前发现潜在的疾病风险，并进行个性化的预防。例如，IBM公司的Watson Oncology系统可以根据患者的病历、病理学报告等信息，为医生提供个性化的治疗建议。

（3）指定格式或结构

如果用户有特定的文本格式或结构要求，可以在提示词中明确指定，如"3个理由""4个回答""5个方案"等。例如，"写一篇500字以内的文章"就指定了文章的长度，"按照问题—原因—解决方案的结构进行分析""按照重要性排序"则指定了文章的结构，"以列表形式列出"则要求生成内容以特定的形式呈现。

---

问：请列出五个理由，解释为什么饮水对人体重要。

答：饮水对人体健康至关重要，以下是五个理由来解释原因：

---

1. 维持水分平衡：人体大约有60%是由水组成的，因此保持适当的水分平衡对于维持生命至关重要。水参与了许多生物化学过程，包括体温调节、消化、吸收营养物质以及排泄废物等。缺水会导致脱水，从而引发各种健康问题。

……

问：请按照时间顺序列出以下事件：第一次世界大战、第二次世界大战、冷战。

答：按照时间顺序列出以下事件：

第一次世界大战

第二次世界大战

冷战

（4）指定语气或风格

如果用户希望生成的文本有特定的语气、风格或口吻，可以在提示词中表达清楚。优质的提示词应该指定文章的语气或风格，使AI能够准确把握写作的态度和方式。例如，"客观分析人工智能的发展趋势和未来前景"就指定了文章的语气是客观的，而"用幽默的语言描述人工智能的应用案例"则指定了文章的风格是幽默的。

问：给我讲一个短小的笑话。

答：以下是一个简短的笑话：

一天，小王在上班的路上，看到一位盲人提着一只灯笼在走。小王不解，上前问："大哥，你眼睛不好使，干吗还提个灯笼？"那盲人说："黑夜里如果没有灯光映照，满地的石头岂不要把人绊倒？"

综合以上几点，一个比较优质的提示词可以这样写："请按照问题、原因、影响、解决方案的结构，撰写一篇关于环境污染的文章，以中立客观的态度描述环境污染对人类和生态环境的危害。"这样的提示词既明确了任务和主题，又规定了结构和语气，有助于AI更准确地把握要求。

例如，某人想学习维修技术，使用提示词2所获得的结果的质量会比提示词1好很多。

提示词1：

问：如何学维修。

答：学习维修需要掌握一定的理论知识和实践经验。以下是一些建议。

1. 选择合适的学习方式：可以通过参加职业学校、技术学院等机构的培训课程来学习维修，也可以通过在线课程、自学教材等途径学习。

2. 学习理论知识：学习维修需要掌握一些基本的理论知识，例如电路原理、机械原理、材料科学等。可以通过阅读相关书籍、观看教学视频等途径学习。

3. 实践操作：维修需要实践操作，通过实际操作可以加深对理论知识的理解和掌握技能。可以通过参加实验室实践、维修实习等途径进行实践操作。

提示词 2：

> 问：我是一名电工（角色），工作时长一年半（时间），最近发现自己在工作中遇到瓶颈，我应该如何提升自己的实力（事件）。我在重庆市（地点）。请基于以上背景信息，给我五种操作性强的提升维修能力的方法（期望回答）。
>
> 答：针对您的问题，以下是五种提升电工维修能力的方法。
>
> 参加专业培训课程：在重庆市寻找针对电工的专业培训课程，如电气维修、电力系统维护等。这些课程可以帮助你了解最新的技术和行业动态，提高你的专业技能。
>
> 加入行业协会或组织：加入重庆市的电工行业协会或组织，与其他电工交流经验，分享技巧。这样可以拓宽你的人际关系，同时也能了解到更多的行业信息和资源。
>
> 阅读专业书籍和杂志：购买一些关于电工技术的专业书籍和杂志，如《电气工程》《电工技术》等。通过阅读这些书籍，你可以了解到更多的专业知识，提高自己的理论水平。
>
> 实践操作：在工作中多动手，积累实践经验。可以尝试解决一些复杂的电气问题，或者参与一些大型项目的维修工作。通过实践操作，你可以提高自己的动手能力和解决问题的能力。
>
> 请教专家：如果遇到难以解决的问题，可以请教行业内的专家或者有经验的同事。他们的建议和指导可以帮助你更快地解决问题，提高自己的维修能力。

表 2-8 所示为常见的提示词参考实例，表 2-9 所示为清晰的提示词的好处，表 2-10、表 2-11 所示分别为有效和无效提示词的实例。

**表 2-8　常见的提示词参考实例**

| 领域 | 提示词参考实例 |
|---|---|
| 新闻传媒 | 请撰写一则新闻，主题是"全市创建卫生城市动员大会召开"，不超过 300 字 |
| 广告营销 | 请为某品牌香水策划一个广告活动 |
| 自媒体 | 请为某热门主播策划一个活动 |
| 教育培训 | 请为一名即将毕业的人工智能专业的本科生提供工作岗位建议 |
| 行政 | 请为某会议撰写一篇发言稿 |

**表 2-9　清晰的提示词的好处**

| 好处 | 描述 |
|---|---|
| 易于理解 | 清晰和具体的提示词可以帮助 AI 更好地理解话题或任务，从而生成准确的回答 |
| 增强焦点 | 通过为对话定义明确的目的和焦点，用户可以引导对话并使其保持在正确的轨道上。这可以确保对话涵盖用户感兴趣的话题，并避免离题 |
| 高效对话 | 清晰简明的提示词可以使对话更加高效 |

表 2-10　有效提示词的实例

| 实例 | 描述 |
|---|---|
| 你能提供文章《游泳的好处》的主要观点摘要吗？<br>能否提供一篇关于如何提高跑步速度和耐力的文章摘要？<br>请分享一篇关于如何克服拖延症的文章摘要<br>能否提供一篇关于如何提高工作效率的文章摘要？ | 这类提示词主题明确，AI 很容易提供所需的信息 |
| 北京最有人气的西餐厅有哪些？<br>你能推荐一些在北京的法国菜餐厅吗？<br>我想在北京找一家供应地道牛排的西餐厅，你有什么建议？<br>我想在北京找一家有现场音乐表演的西餐厅，你有什么建议？ | 这类提示词是与具体内容相关的，允许 AI 提供有针对性的回答 |
| 以幽默的口吻给我讲一个笑话 | 通过提示词清晰地表达了希望生成的文本有特定的语气、风格或口吻 |
| 如何学习一门新的编程语言？<br>为什么锻炼对身体健康很重要？ | 在提问时，可以使用一些引导词来指导 AI 的回答。例如，使用如何、为什么、哪个等引导词可以引导 AI 提供更详细和有针对性的回答 |
| 你能推荐一些适合有年幼孩子的家庭在罗马旅游的景点吗？ | 该提示词清晰易懂，专注于罗马适合年幼孩子的旅游景点这个具体话题。相似的提示词有"重庆适合年幼孩子的游玩景点""重庆亲子游推荐哪些地方？" |
| 解释一下肺炎病毒的传播途径和预防措施 | 该提示词提供了关键的信息，以确保生成的文本包含所需的内容 |
| 我希望你扮演 JavaScript 控制台 | 该提示词使用扮演技巧，告诉 AI 在对话中扮演 JavaScript 控制台的角色 |
| 原始问题：我正在计划去旅行，你有什么建议？回答：您可以考虑去欧洲或亚洲旅行。追问：对于欧洲和亚洲，你能给我一些具体的目的地建议吗？ | 有时候 AI 可能无法准确理解问题或需求。如果得到的回答不完全符合期望，可以通过追问一些细节来进一步表达需求。通过进一步的对话和交流，AI 可以更好地理解问题或需求，从而生成更准确的回答 |

表 2-11　无效提示词的实例

| 实例 | 描述 |
|---|---|
| 你能帮我做作业吗？ | 虽然这个提示词清晰具体，但它太开放，不能让 AI 生成有用的响应 |
| 你好吗？ | 虽然这是一个常见的对话开始，但它不是一个定义明确的提示词，也没有提供明确的目的或焦点 |
| 一些东西 | 这个词太过笼统，没有具体说明需要什么样的东西 |
| 随便看看 | 提示词没有提供明确的指示或目标，AI 无法提供有效的帮助 |
| 给我点建议 | 提示词缺乏具体的背景信息或问题描述，AI 难以给出有针对性的建议 |
| 帮我找个工作 | 提示词过于宽泛，没有指明具体的行业、职位或地区偏好，导致 AI 无法提供有效的搜索结果 |

| 实例 | 描述 |
|---|---|
| 找一些好书推荐 | 提示词没有指明读者的偏好、书的类型或主题，AI 无法提供个性化的书籍推荐 |
| 帮我查一下明天的天气 | 提示词没有指明地点或日期，AI 无法提供准确的天气预报信息 |
| 给我一些放松的方法 | 提示词没有指明具体的放松需求、时间限制或偏好，AI 无法提供有效的放松方法 |
| 给我一些学习技巧 | 提示词没有指明具体的学科、学习目标或困难点，AI 无法提供个性化的学习技巧 |
| 找一些好玩的游戏 | 提示词没有指明游戏类型、平台或玩家偏好，AI 无法提供适合的游戏推荐 |
| 旅游的最佳时间是什么时候？ | 在生成提示词时，重要的是要避免提示词中包含过多信息或使用过于开放的问题，因为这些可能会使 AI 感到困惑。"对于去某地旅游，什么时候去天气最佳？"或者"在一年中的哪个季节，某个旅游景点的游客数量最少？"这样的问题更加明确，可以帮助 AI 更好地理解问题的主题和关注点，从而提供更准确的答案 |
| 我对新闻感兴趣，尤其是娱乐方面的新闻。你有什么推荐的新闻源吗？ | AI"喜欢"简洁明了的问题，提示词应当避免冗长的描述和复杂的句子结构。用简单直接的语言表述问题，可以提高 AI 理解问题的准确性。可使用以下提示词：请推荐一些娱乐新闻 |
| 请告诉我有关苹果的信息。 | 确保问题不会引起歧义。AI 可能会根据用户的问题的字面意思进行回答，而忽略其中的潜在含义。如果该问题有多种解释，请提供更多上下文信息以避免混淆。尽量将问题的背景和条件清晰地传达给 AI，以便它能够提供更准确和有针对性的回答 |
| 世界上最好的手机是哪款？<br>哪个城市是全球最美丽的城市？<br>最有效的减肥方法是什么？ | AI 通常不能提供关于绝对真理的回答。避免使用诸如永远、最好的或最适合这样的绝对化词汇。相反，尽量以客观的方式提问，以便 AI 可以给出更有用的答案 |

需要注意的是，想要获得准确的回答，一个关键技巧是扮演，即指定 AI 在对话中扮演的角色。通过明确概述 AI 的角色以及想要获得的输出类型，用户可以为对话提供清晰的方向。表 2-12 所示为常见的 AI 角色及对应的提示词。

除了使用扮演的技巧外，更重要的是避免在提示词中使用过于专业的术语。使用简单、直接的语言并避免开放性问题，可以帮助 AI 提供准确的回复。

最后，需要牢记的是，AI 是一种工具，与任何工具一样，它的效果取决于使用它的人。通过编写有效提示词，用户可以充分利用 AI 并使用它来实现目标。

表 2-12 常见的 AI 角色及对应的提示词

| AI 角色 | 提示词 |
|---|---|
| 面试官 | 我想让你做一个面试官。我将是候选人，你会问与"职位"相关的问题。我希望你只以面试官的身份回答。不要一次写完所有的回答。问我问题，等我回答，不要写解释。我的第一句话是"你好" |

| AI 角色 | 提示词 |
|---|---|
| 广告商 | 我想让你做广告商。你将举办一个活动来推广你选择的产品或服务。你将针对目标受众构思宣传口号，选择宣传媒体渠道，并决定任何额外的活动以达到你的目标。我的第一个请求是"我需要举办一个针对 18～35 岁年轻人的新型能量饮料推广的广告活动" |
| 足球评论员 | 我想让你当一名足球评论员。我会向你描述正在进行的足球比赛，而你则对比赛进行评论，提供你对当前发生的事情的分析，并预测比赛将如何结束。你应该了解足球术语、战术、每场比赛中的球员/球队，并且专注于提供有深度的评论，而不仅仅是叙述比赛状况。我的第一个要求是"我正在观看曼联对切尔西的比赛，请为这场比赛提供评论" |
| 作曲家 | 我想让你当作曲家。我会提供一首歌的歌词，你将为它作曲。我的第一个要求是"我已经写了一首名为'歌颂春天'的诗，需要音乐来配合它" |
| 编剧 | 我想让你当编剧。你将创作一个具有创造性的剧本。首先想出有趣的人物、故事的背景、人物之间的对话等，逐步完成剧本的编写，情节应充满悬念。我的第一个要求是"我需要写一部以伦敦为背景的浪漫喜剧电影" |
| 诗人 | 我想让你扮演一个诗人，你可以写任何话题或主题诗，但要确保你的文字是美丽而有意义的，我的第一个要求是"我需要一首关于爱情的诗" |
| 数学老师 | 我想让你当一名数学老师。我将提供一些数学方程或概念，你需要以易于理解的术语来解释它们。这可能包括提供解决问题的一步一步的指导，用图像解释各种概念，或为进一步研究提供在线资源。我的第一个要求是"我需要理解概率是如何工作的" |
| 医生 | 我希望你能扮演一名医生，为疾病想出创造性的治疗方法。在提供建议时，你需要考虑患者的年龄、生活方式和病史。我的第一个要求是"我需要解决我对冷食的敏感" |
| 室内设计师 | 我想让你做室内设计师。你需要提供配色、家具布局等装修方案，以提高空间的美学性和舒适性 |
| 心理学家 | 我要你扮演一个心理学家。我会告诉你我的想法。我希望你能给我一些科学的建议，让我感觉好一点 |
| 科学数据可视化工具 | 我要你扮演一个科学数据可视化工具。你将应用数据科学原理和可视化技术，将数据转换为图表，以更直观地传达信息。我的第一个请求是"我有一个没有标签的数据集，我应该使用哪种机器学习算法？" |
| 化妆师 | 我要你扮演一个化妆师。你将根据最新的趋势，提供关于护肤的建议 |
| 法律顾问 | 我想让你做我的法律顾问。我将描述一个法律情况，你将提供如何处理它的建议。你应该只回答问题，别的什么都不要说 |
| 推销员 | 我想让你做一个推销员，试着向我推销一些东西。但你需要让试图推销的东西看起来比实际价值更高，并说服我买下它 |
| 小说家 | 我希望你扮演一个小说家。你可以选择任何类型，例如幻想、浪漫、历史等，但小说应具有吸引人的情节和立体的人物。我的第一个要求是"我需要写一部以未来为背景的科幻小说" |
| 旅游向导 | 我想让你扮演一个旅游向导。我将给你提供我的位置和想要游玩的景点的类型，你需要为我提供旅游建议。我的第一个请求是"我在成都，我只想看大熊猫" |
| 记者 | 我想让你做一名记者。你将报道突发新闻、撰写专题报道和评论文章，你需要遵守新闻道德。我的第一个请求是"我需要写一篇关于世界主要城市疾病预防的文章" |
| 会计师 | 我希望你担任会计师，并想出创造性的方法来管理财务。在为客户制订财务计划时，你需要考虑预算、投资策略和风险管理。在某些情况下，你可能还需要提供有关税收法律法规的建议，以帮助客户实现利润最大化。我的第一个请求是"为中小型企业制订一个专注于成本节约和长期投资的财务计划" |

续表

| AI 角色 | 提示词 |
| --- | --- |
| 厨师 | 我想让你做一名厨师，为我推荐食谱，食谱所列食物应有营养且制作简单又不费时。我的第一个要求是请推荐一些清淡而健康的食物的食谱 |
| 职业顾问 | 我想让你担任职业顾问。你需要根据求职者的技能、兴趣和经验，为他们提供职业建议。你还应该解释不同行业的就业市场趋势。我的第一个请求是"请为想从事网络安全工作的人提供一些建议" |
| 心理健康顾问 | 我想让你担任心理健康顾问。你需要提供管理情绪、缓解压力和焦虑等的方法。我的第一个请求是"请提供一些缓解失眠症状的方法" |

【案例 12】编写一个剧本，并不断改进提示词。

> 问：给我一个厨师剧本。
>
> 答：剧本名称：《舌尖上的厨房》
>
> 角色：
>
> 厨师长：杰克
>
> 副厨师长：琳达
>
> 新厨师：汤姆
>
> 餐厅经理：玛丽
>
> 顾客：一家人
>
> 场景一：餐厅厨房
>
> （杰克正在教汤姆如何切洋葱）
>
> 杰克：（严肃）记住，切洋葱的时候要保持刀的锋利，这样切出来的洋葱才会更加美观。
>
> 汤姆：（认真）明白了，杰克。
>
> （琳达走进来，看到他们正在学习，笑着走过去）
>
> 琳达：（笑）杰克，你又开始教新手了？
>
> 杰克：（笑）是啊，琳达。我觉得汤姆有潜力，他是个好学的孩子。
>
> ……
>
> 场景二：餐厅厨房
>
> ……

该剧本剧情普通，没什么亮点，不能很好地吸引观众。其根本原因是给出的提示词比较模糊，基于以上实例，我们可以尝试做如下的修改。

> 问：我希望你作为一个编剧，编写一个新颖而有吸引力的剧本。该剧本中要有有趣的人物、饱满的剧情以及令人激动的情节。我的第一个要求是"厨师"。
>
> 答：剧本名称：《舌尖上的奇迹》
>
> 类型：喜剧、励志、爱情

故事梗概：一位年轻的厨师，为了追求烹饪梦想，踏上了一段充满挑战和惊喜的旅程。在这个过程中，他结识了一群有趣的人，共同经历了一段难忘的冒险。最终，他们用美食改变了彼此的命运，实现了各自的梦想。

主要人物：

杰克：本剧的主人公，一位年轻有为的厨师，热爱烹饪，怀揣着成为顶级大厨的梦想。

莉莉：杰克的女朋友，一位美丽的餐厅经理，一直支持杰克的梦想，愿意为他付出一切。

阿尔弗雷德：一位年长的厨师，拥有丰富的烹饪经验和技巧，是杰克的导师和好朋友。

索菲亚：一位富有创意的年轻厨师，与杰克一起参加烹饪比赛，成为他的竞争对手和朋友。

汤姆：一位憨厚老实的餐厅服务员，对杰克忠心耿耿，一直陪伴在他身边。

剧情梗概：第一幕：梦想起航。杰克在一家小型餐厅工作，每天辛勤地学习烹饪技巧。一天，他在报纸上看到了一个全国性的烹饪比赛广告，决定报名参加，以此为契机实现自己的梦想。在女友莉莉的鼓励下，杰克开始为比赛做准备。

第二幕：遇见导师。在比赛的选拔过程中，杰克遇到了阿尔弗雷德。阿尔弗雷德看出了杰克的潜力，决定收他为徒，教他一些独家的烹饪技巧。在阿尔弗雷德的指导下，杰克的厨艺得到了飞速提升。

第三幕：竞争与友谊。杰克和索菲亚成为比赛的对手。在激烈的竞争中，两人逐渐成了朋友。索菲亚教会了杰克如何运用创意和想象力来烹饪美食。同时，汤姆也在比赛中一直支持着杰克。

第四幕：决赛之夜。经过一轮又一轮的比赛，杰克和索菲亚成功晋级决赛。在决赛中，他们需要合作完成一道菜。面对巨大的压力，两人克服了困难，成功地完成了任务。最终，杰克凭借出色的表现获得了比赛的冠军。

第五幕：梦想成真。获得比赛冠军后，杰克受到了业界的关注。他受邀加入了一家顶级餐厅工作，开始了自己的职业生涯。在这个过程中，杰克不仅实现了自己的梦想，还帮助身边的人找到了属于他们的幸福。

……

对比这两个结果，不难发现第二个的回答比第一个好太多。值得注意的是，好的提示工程并不容易实现，它需要用户具有丰富的行业知识以及生活阅历，不过用户可以与AI进行多轮对话，逐步明确问题，达成目标。

【案例13】通过角色赋予编写优质提示词。

问：你现在是报社的一名记者，请帮助我们写一篇产品发布的新闻稿：我们的公司叫作"渝州科技"，我们公司刚推出了一款先进的脑机接口产品。

答：标题：渝州科技发布创新脑机接口产品，引领科技新潮流

新闻稿：

渝州科技，一家在科技创新领域具有深厚实力的公司，今日宣布推出一款先进的脑机接口产品。这款产品的上市，标志着渝州科技在人脑与机器交互领域的技术已经达到了新的高度。

渝州科技的这款脑机接口产品，是一款能够直接连接人脑和计算机的设备，它可以通过读取和解析用户的脑电波，将其转化为控制信号，从而实现对计算机和其他电子设备的无线控制。这款产品的出现，将为医疗、教育、娱乐等多个领域带来革命性的变化。

……

以上回答并无新意，因此在提示词中增加对该产品的详细描述，修改如下。

问：你现在是报社的一名记者，请帮助我们写一篇产品发布的新闻稿：我们公司的名字叫作"渝州科技"，公司实力雄厚，并且刚推出了一款先进的脑机接口产品，该产品使用方便，当人们将该产品戴到头上的时候，该产品可以通过指令来读取大脑中的信息，并将其输入计算机中。

答：标题：渝州科技发布先进脑机接口产品，开启人脑与计算机直接交互的新时代

新闻稿：

渝州科技，一家在科技领域具有雄厚实力的公司，今日宣布推出了一款先进的脑机接口产品。这款产品的出现，将人脑与计算机的交互提升到了一个全新的层次，用户只需用意识输入一个指令，该产品就能读取大脑中的信息并将其输入计算机中。

渝州科技的这款脑机接口产品，采用了最新的生物识别技术，能够准确、快速地读取和解析大脑中的神经信号。当人们将该产品戴到头上的时候，可以通过简单的意识指令来控制设备的运行，无须复杂的操作，简单易用。

渝州科技的首席执行官表示："我们的目标是通过科技创新，让人类的生活更加便捷。我们的脑机接口产品是这一目标的重要实现。我们相信，这款产品将会开启一个全新的科技时代。"

……

## 2.6 小结

（1）用户使用 AIGC 时，一般只需要输入一些关键词或提示词，就可以得到相应的内容输出。

（2）AIGC 的核心思想是利用 AI 模型，根据给定的主题、关键词、格式和风格等条件，自动创建各种类型的文本、图像、音频和视频等内容。因此，AIGC 可广泛应用于媒体、教育、娱乐、

营销和科研等领域，为用户提供高品质和个性化的内容服务。

（3）提示词是 AIGC 中用于指导用户进行文本输入和内容生成的关键词汇。通过精心选择和设置提示词，用户可以更准确地表达需求，从而获得更满意的结果。

（4）提示工程是大语言模型开发、训练和使用过程中的一个基本元素，涉及输入提示的巧妙设计，以提高模型的性能和准确性。

## 2.7 习题

（1）简述 AIGC 的使用方法。

（2）简述什么是提示词。

（3）简述什么是优质提示词。

（4）简述什么是提示工程。

（5）请使用角色赋予为某公司的新产品编写提示词并查看生成结果。

# 第3章
# AIGC助力高效办公

## 【本章导读】

在 AI 飞速发展的时代，AIGC 作为一种先进的技术，正在成为帮助企业提高效率、优化工作流程的重要工具。对广大文职工作者来说，理解、掌握并灵活运用 AIGC 技术可以提高工作效率。AIGC 可以帮助文职工作者完成很多任务。本章依次介绍使用 AIGC 工具编写电商文案、撰写短视频脚本、策划商业活动、制作 Excel 工资表、制作 PPT 以及撰写个人简历。通过对本章的学习，读者能够了解和熟悉常见的 AIGC 办公应用。

## 【本章要点】

- 编写电商文案
- 撰写短视频脚本
- 策划商业活动
- 制作 Excel 工资表
- 制作 PPT
- 撰写个人简历

## 3.1 编写电商文案

电商文案是指用于宣传、推广电子商务企业的产品和服务的有趣、吸引人眼球的文字，它是网络营销的重要组成部分，也是影响网络营销效果的因素之一。

随着 AI 技术的不断发展，营销写作也在向着更加智能化的方向发展。AIGC 创作的广告能够更加精准地定位目标用户，更加准确地把握用户的需求和心理。

### 3.1.1 电商文案概述

电商文案作为一种商业文体，主要基于电子商务平台，以文字为主要元素，以吸引消费者、建立品牌形象、推广宣传产品等为主要目的。

近些年，随着电子商务的不断发展，电商文案既继承了传统文案写作的特点，又有其独特的写作要求。电商文案包括商品的介绍、活动的宣传以及其他一些信息，它的目的是吸引消费者的注意力，帮助企业更好地进行产品的推广。电商文案的精细程度越高，就越能表达商品的特色、优势等信息，从而更能激起消费者的兴趣，让消费者购买更多的产品。

建立品牌形象是电商文案的重要目的之一。文案往往要使消费者能够清晰地了解到品牌的定位以及品牌的特色，成为品牌的一个独特声音，更好地吸引目标用户的注意力，从而提高产品的推广效果。为了能够让消费者迅速了解品牌特征，电商文案应当简洁明了，不要使用过于拗口、复杂的词句。

## 3.1.2　使用 AIGC 生成电商文案

随着 AI 技术的不断发展，越来越多的企业开始将 AIGC 应用到电商营销中。AIGC 可以帮助企业快速生成高质量的电商文案，提高转化率和品牌知名度。

不管是用 AIGC 生成电商文案还是传统的手动编辑电商文案，其目的都是为了推广产品。要编写电商文案，首先需要明确推广产品的特点和目标用户，要明确目标用户的痛点，要强调产品能够满足目标用户的需求和期望。请尝试回答以下 4 个问题。

（1）打动用户的是产品卓越的品质还是独特的设计？

（2）产品的特色是时尚性强还是功能性强？

（3）对标产品有哪些？与对标产品相比，特色在哪里？

（4）如何在文案中体现特色？

在有了较为清晰的答案后，就可以利用 AIGC 生成电商文案。

这里以 X 品牌的新款智能手表为例。假设该款手表专为 30～40 岁的商务男士设计，外形时尚，具有健康和运动监测功能，能够为用户生成健康报告。

【案例 1】通过提示词表明自己的角色和需求，输入提示词：你是一个优秀的文案设计师，现在要为 X 品牌的新款智能手表撰写一篇详细的产品介绍文案。

输出如下。

---

【新品发布】X品牌新款智能手表——开启科技生活新篇章

X品牌始终致力于创新科技和卓越设计，我们很荣幸地向您介绍我们的全新智能手表。这款手表不仅拥有时尚的外观，更融入了先进的技术，为您的生活带来便利。

**设计与材质**

首先，从外观设计上看，新款智能手表采用了极简主义的设计理念。表盘采用高硬度的防刮镜面材质，保证了手表的耐用性。同时，我们还提供多种颜色供您选择，包括经典的黑色、白色，以及更为活泼的蓝色和粉色。

手表的边框采用了轻质但坚固的金属材质，既提升了整体质感，又确保了手表的舒适度。此外，我们还为手表配备了可更换的表带，例如运动风格的尼龙表带，商务风格

---

的皮质表带等，能满足您的不同需求。

**功能与技术**

在功能方面，新款智能手表的表现同样出色。它具备全天候心率监测、睡眠跟踪、步数计数等基本健康功能，让您更好地了解自己的身体状况。此外，手表还支持GPS定位和导航功能，无论您身处何处，都能准确地找到方向。

为了满足您的通信需求，手表还内置了电话和短信功能，您可以方便地接听和回复电话或短信。同时，手表还支持各种社交媒体应用的通知推送，让您随时随地同他人保持联系。

【案例2】在提示词中加入产品特点，进一步细化需求，输入提示词：为 X 品牌的新款智能手表撰写一篇详细的产品介绍文案，该款手表专为 30～40 岁的商务男士设计，外形时尚，具有健康和运动监测功能，能够为用户生成健康报告。

输出如下。

时尚商务之选——X品牌新款智能手表

在快节奏的现代生活中，健康与运动成为商务男士关注的焦点。X品牌新款智能手表专为30～40岁的商务男士设计，融合时尚与科技，为您提供全面的健康和运动监测功能，为您的健康保驾护航。

一、时尚设计，彰显品位

X品牌新款智能手表采用流线型设计，简约而不失格调。腕带采用优质材料，佩戴舒适，长时间佩戴不易产生不适感。此外，多种表盘样式和表带颜色供您选择，轻松搭配不同场合的商务着装，展现您的独特品位。

二、健康监测，守护您的健康

实时心率监测：手表内置高精度传感器，可实时监测您的心率变化，让您随时了解自己的心脏状况。

血压监测：轻轻一按，即可测量血压，帮助您及时了解自己的血压状况。

血氧监测：无论是在日常活动还是睡眠中，手表都能监测您的血氧饱和度，确保您在各种状态下都能保持健康。

健康报告生成：根据您的健康数据，手表将为您生成个性化的健康报告。报告中包含各项健康指标的分析和建议，助您更好地了解自己的身体状况。

三、运动跟踪，让锻炼更科学

多种运动模式：手表支持多种运动模式，包括跑步、游泳、骑行等，满足您不同的锻炼需求。

运动数据记录：无论是运动轨迹、消耗的卡路里还是运动时长，手表都能准确记录并为您生成运动报告。

运动建议：根据您的运动数据和健康状况，手表会为您提供个性化的运动建议和计划，助您实现健康目标。

对比【案例1】和【案例2】的输出文案，会发现【案例2】中对产品的特色介绍得更细致、更具体。因此通过尽可能多地输入产品特点，可以帮助AIGC更好地了解产品，从而生成更合适的文案。生成的文案给文案设计师提供了一个很好的框架基础，设计师可以在此基础上进一步优化文案。

## 3.1.3 优化文案

生成文案后，我们还需要进一步对产品的使用场景以及其与竞品的不同进行阐述，这样可以增强产品的竞争力。

在【案例2】的文案基础上，如果希望进一步说明智能手表健康报告的阅读方式，就需要与AIGC交互，给它新的提示词。由于大模型具备上下文理解能力，可以输入如下提示词。

【案例3】输入提示词：智能手表生成的健康报告可以通过哪些方法查看？

输出如下。

> 智能手表的健康报告生成后，用户可以通过以下几种方法查看。
>
> 手表屏幕显示：智能手表通常配备一块触控屏幕，用户可以直接在手表屏幕上查看健康报告。报告会以简洁明了的方式展示各项健康数据，如心率、血压、血氧等，以及相应的健康建议。
>
> 手机App同步：智能手表通常与手机App进行同步，用户可以在手机App中查看详细的健康报告。手机App提供了更为丰富的数据分析和可视化功能，用户可以更全面地了解自己的健康状况。
>
> 云端存储与分享：部分智能手表支持将健康报告同步至云端存储，用户可以通过在线访问的方式查看报告。此外，用户还可以将报告分享给医生、家人或朋友，以便他们更好地了解自己的健康状况。
>
> 语音指令操作：部分智能手表支持语音操作，用户可以通过简单的语音指令来查看健康报告。这种操作方式方便快捷，尤其适合在运动或手部不便时使用。
>
> 智能家居设备联动：与智能家居设备联动时，用户可以在家中通过智能音箱等设备查询健康报告。只需简单的语音指令或触控操作，即可在智能家居设备上查看报告。
>
> 通过以上方法，用户可以轻松查看智能手表生成的健康报告，更好地了解自己的身体状况，并根据报告中的建议进行相应的调整和改善。同时，这些方法也有助于用户与家人、医生等共享健康信息，共同关注和管理健康状况。

可以在【案例2】的文案中加入【案例3】的文案，使得产品形象更加丰满。合并后的文案如下。

> 时尚商务之选——X品牌新款智能手表
>
> 在快节奏的现代生活中，健康与运动成为商务男士关注的焦点。X品牌新款智能手

表专为30~40岁的商务男士设计，融合时尚与科技，为您提供全面的健康和运动监测功能，为您的健康保驾护航。

**一、时尚设计，彰显品位**

X品牌新款智能手表采用流线型设计，简约而不失格调。腕带采用优质材料，佩戴舒适，长时间佩戴不易产生不适感。此外，多种表盘样式和表带颜色供您选择，轻松搭配不同场合的商务着装，展现您的独特品位。

**二、健康监测，守护您的健康**

实时心率监测：手表内置高精度传感器，可实时监测您的心率变化，让您随时了解自己的心脏状况。

血压监测：轻轻一按，即可测量血压，帮助您及时了解自己的血压状况。

血氧监测：无论是在日常活动还是睡眠中，手表都能监测您的血氧饱和度，确保您在各种状态下都能保持健康。

健康报告生成：根据您的健康数据，手表将为您生成个性化的健康报告。报告中包含各项健康指标的分析和建议，助您更好地了解自己的身体状况。

**三、运动跟踪，让锻炼更科学**

多种运动模式：手表支持多种运动模式，包括跑步、游泳、骑行等，满足您不同的锻炼需求。

运动数据记录：无论是运动轨迹、消耗的卡路里还是运动时长，手表都能准确记录并为您生成运动报告。

运动建议：根据您的运动数据和健康状况，手表会为您提供个性化的运动建议和计划，助您实现健康目标。

**四、健康查看，支持多端报告浏览**

**手表屏幕显示**：智能手表通常配备一块触控屏幕，用户可以直接在手表屏幕上查看健康报告。报告会以简洁明了的方式展示各项健康数据，如心率、血压、血氧等，以及相应的健康建议。

**手机App同步**：智能手表通常与手机App进行同步，用户可以在手机App中查看详细的健康报告。手机App提供了更为丰富的数据分析和可视化功能，用户可以更全面地了解自己的健康状况。

**云端存储与分享**：部分智能手表支持将健康报告同步至云端存储，用户可以通过在线访问的方式查看报告。此外，用户还可以将报告分享给医生、家人或朋友，以便他们更好地了解自己的健康状况。

......

在 AIGC 的帮助下，通过使用不同的提示词，产品介绍文案的内容逐渐丰富、充实。还可以添加产品图片等元素，进一步完善产品介绍文案。

### 3.1.4　提升排版效果

在撰写商业文案时，我们除了要对该产品进行详细介绍外，还需要在文案生成后不断优化提示词以获得更好的结果。常见的优化涉及语言、风格以及排版等方面。AIGC 可以对文案进行简单的排版和美化。

【案例4】输入需求及补充提示词：对以上文案进行排版美化。

输出如下。

---

时尚商务之选——X品牌新款智能手表

---

时尚设计，彰显品位

X品牌新款智能手表采用流线型设计，简约而不失格调。腕带采用优质材料，佩戴舒适，长时间佩戴不易产生不适感。此外，多种表盘样式和表带颜色供您选择，轻松搭配不同场合的商务着装，展现您的独特品位。

---

健康监测，守护您的健康

实时心率监测：手表内置高精度传感器，可实时监测您的心率变化，让您随时了解自己的心脏状况。

血压监测：轻轻一按，即可测量血压，帮助您及时了解自己的血压状况。

血氧监测：无论是在日常活动还是睡眠中，手表都能监测您的血氧饱和度，确保您在各种状态下都能保持健康。

健康报告生成：根据您的健康数据，手表将为您生成个性化的健康报告。报告中包含各项健康指标的分析和建议，助您更好地了解自己的身体状况。

---

运动跟踪，让锻炼更科学

多种运动模式：手表支持多种运动模式，包括跑步、游泳、骑行等，满足您不同的锻炼需求。

运动数据记录：无论是运动轨迹、消耗的卡路里还是运动时长，手表都能准确记录并为您生成运动报告。

运动建议：根据您的运动数据和健康状况，手表会为您提供个性化的运动建议和计划，助您实现健康目标。

……

---

该文案与之前的文案相比，排版上有了改进。不同特征之间加入了横线用以区分，整体文

案的可阅读性更高。可以发现，排版后的文字与排版之前相比，出现了不同，这是由于在一遍又一遍的生成过程中，AIGC 会不断优化生成文字。同时也应该注意，过度地优化可能会适得其反。文案设计师应根据推广需求进行适度优化。

### 3.1.5 拓展案例

小李经营着一个首饰淘宝店，请用 AIGC 为其生成一对和田玉耳环的营销文案。

## 3.2 撰写短视频脚本

### 3.2.1 短视频脚本概述

在短视频的红利时代，短视频成为社交分享的主流形式之一。短视频的优质内容是吸引流量的必要条件。优质内容离不开优秀的脚本。随着短视频的创作者越来越多，短视频的制作门槛也在不断提高，脚本的重要性日益凸显。

短视频脚本可以为短视频制作提供文本指导，它包含了短视频中需要呈现的内容、情节和对话等要素。短视频脚本通常由文字描述组成，可以帮助制作人员更好地组织短视频内容，提高短视频的质量和效果。

短视频脚本有 7 个要素，分别是镜头、景别、内容、台词、时长、运镜和道具。其中景别就是要体现短视频中描述的场景在视觉感官上的逻辑，有远景、全景、中景、近景和特写几种类别，好的景别变化设计可以更好地渲染气氛、掌控节奏，增强短视频的感染力。

### 3.2.2 使用 AIGC 生成短视频脚本

当我们进入文心一言的助手模式之后，可以通过输入短视频脚本的主题，让其生成基础的脚本。

进入"短视频脚本"主题，会自动生成如下提示词。

> "你是视频脚本创作大师，也是视频拍摄专家，
> 请为{对象}做一个宣传片脚本，
> 脚本的具体要求是{脚本要求}。
> {对象}=固安一中
> {脚本要求}=有镜头、旁白及场景，对话场景，背景音乐（请给出具体的音乐名称），整体能吸引人的眼球，开头5秒要能抓住观众，视频大概时长3分钟。"

对其中的{对象}和{脚本要求}进行重新定义。

【案例5】设置对象为巧克力，配以背景音乐《爱的旋律》，进行如下修改。

> {对象}=巧克力
>
> {脚本要求}=有镜头、旁白及场景，对话场景，背景音乐（《爱的旋律》），整体能吸引人的眼球，开头5秒要能抓住观众，视频大概时长3分钟。

可以得到如下的输出：

> 以下是一个可能的视频脚本草案，供您参考：
>
> [镜头1：开场]
>
> 镜头慢慢推进，展示一盒精美的巧克力，巧克力的包装闪耀着诱人的光泽。
>
> 旁白："有一种美味，能让味蕾舞动，让心灵陶醉，那就是我们的主角——巧克力。"
>
> [镜头2：巧克力制作过程]
>
> 镜头切换至巧克力制作过程，展现巧克力的源头：可可豆的采摘、发酵、烘焙等环节。
>
> 旁白："每一颗巧克力都蕴藏着大自然的恩赐和匠人的心血。"
>
> [镜头3：巧克力种类展示]
>
> 镜头切换至展示各种不同种类的巧克力，如黑巧克力、牛奶巧克力和白巧克力等。
>
> 旁白："我们的巧克力种类繁多，满足不同口味的需求，无论你是甜食爱好者还是喜欢挑战新口味的人，都能找到你的最爱。"
>
> [镜头4：巧克力特写]
>
> 镜头聚焦在巧克力上，展示巧克力的纹理和光泽。
>
> 旁白："每一颗巧克力都是艺术品，散发着诱人的芬芳，让人无法抗拒。"
>
> [镜头5：人物品尝巧克力的画面]
>
> 镜头切换至人物品尝巧克力的画面，展示他们品尝时的惊喜和满足的表情。
>
> 旁白："品尝一颗巧克力，让甜蜜的味道在口中融化，带给你无与伦比的愉悦体验。"
>
> [镜头6：结尾]
>
> 镜头拉远，展示一盒精美的巧克力以及品牌的标志。
>
> 旁白："一起感受巧克力的魅力，体验甜蜜的味道。这是巧克力的世界，等你来探索。"

如果希望镜头5有更加细致的人物动作刻画，可以进一步追加提示词。

【案例6】输入提示词：添加一些人物的互动。

输出如下。

> [镜头5：人物品尝巧克力的画面]
>
> 镜头切换至两位年轻人（一男一女）手中各拿一块巧克力，脸上流露出好奇与期待表情。
>
> 男："你知道吗？巧克力不仅仅是一种甜食，它还蕴藏着丰富的文化和历史。"
>
> 女："真的吗？那我们一起品尝这块巧克力，感受它的故事吧。"

男将巧克力递给女，两人共同咬下巧克力，脸上流露出惊喜和满足的表情。

男："这块巧克力的味道真是太美妙了！既有浓郁的甜味，又带着一丝丝苦涩，让人回味无穷。"

女："没错，我也感受到了巧克力的魅力。它不仅满足了我们的味蕾，还触动了我们的心灵。"两人相视而笑，继续分享巧克力的美味。

还可以通过提示词让 AIGC 进一步优化脚本。

【案例 7】输入提示词：这段台词里有什么可以改进的部分吗？

输出如下。

这段台词已经相当流畅和口语化了，但还有一些地方可以进行微调，使其更加自然和生动：

1. 开场部分。稍微有点书面，可以改为"看到这盒巧克力了吗？那闪亮的包装，简直让人忍不住流口水。"

2. 制作过程部分。可以简化为"每一颗巧克力都是艺术品，背后都有很多心血。"

3. 种类展示部分。可以调整为"无论你是喜欢甜的还是苦的，我们都有适合你的巧克力。"

4. 结尾部分。可以稍做改动，使语气更加亲切和热情，改动为"别等了，快来一起感受巧克力的魅力吧！品尝这份美味，让甜蜜充满你的生活！"

### 3.2.3 优化脚本内容

AIGC 生成的短视频脚本为短视频提供了整体框架，给出了内容、镜头、配音、文字等要素。在此基础上，需要进一步优化，提升脚本的质量。

【案例 8】希望开场镜头有一点改变，输入提示词：开场镜头考虑用一个梦幻城堡造型的巧克力工厂。

输出如下。

当然可以，以下是一个新的脚本草案，开场镜头考虑用一个梦幻城堡造型的巧克力工厂：

[镜头 1：开场镜头]

镜头慢慢推进，展示一个梦幻城堡造型的巧克力工厂，外观充满梦幻色彩，让人仿佛置身于童话世界中。工厂内部繁忙而有序，巧克力制作机器运转不停，工人们忙碌地制作着各种美味的巧克力。

旁白："欢迎来到巧克力世界！这里是一个充满奇幻与美味的梦境，每一颗巧克力的诞生都承载着梦想与热情。"

在此基础上，还可以对不同的部分不断优化，最终形成高质量的短视频脚本。

### 3.2.4 拓展案例

小李想为其首饰淘宝店制作一个关于"和田玉耳环"的短视频，请用 AIGC 为其设计脚本。

## 3.3 策划商业活动

### 3.3.1 商业活动策划概述

商业活动是商家为推广其商品开展的活动，往往是推出新品或迎接节假日时必不可少的一项流程，其目的是扩大商品的影响力，提高销量。活动开始前，一般都要进行精心策划安排，商业活动策划书用于记录活动的一系列计划与策略。商业活动策划书可以帮助商家协调多部门的工作，从而有计划地开展相关商业活动，通常包括活动主题、活动背景、活动目的、目标人群和具体的活动内容。

### 3.3.2 使用 AIGC 生成商业活动策划书

AIGC 可以在用户输入活动主题后，生成商业活动策划书。

【案例9】输入提示词：帮我写一份中秋节超市活动策划。

输出如下。

中秋节超市活动策划

一、活动背景

中秋节是中国传统节日之一，也是家庭团聚、友人相聚的好时光。在这个充满温馨与美好的节日里，超市作为一个人们日常购物的重要场所，开展相应的活动不仅能提升销售业绩，还能增强品牌影响力。

二、活动目标

1. 提升超市销售额；

2. 增加顾客黏性，提高顾客满意度；

3. 传播中华传统文化，增强品牌形象。

三、活动主题

以"月圆人团圆，超市情更浓"为主题，将中秋节的传统文化与超市的现代购物方式相结合，为顾客带来别具一格的中秋节体验。

四、活动内容

1. 特色月饼展示：在超市设立月饼专区，展示各种口味、款式、品牌的月饼，让顾客在挑选月饼的同时，感受到中秋节的浓厚氛围。

2. 打折促销：针对中秋节期间热销商品，如月饼、水果、酒水等，进行不同程度的折扣优惠，吸引顾客购买。

3. 满额赠礼：消费满一定金额的顾客可获得精美礼品，如中秋特色的灯笼、中国结等，提升顾客消费体验。

4. 互动游戏：设置中秋主题的互动游戏，如猜灯谜、DIY月饼等，让顾客在购物之余，也能感受到中秋节的趣味性。

5. 会员专享福利：针对超市会员，提供会员专享折扣、积分换购等福利，提升会员忠诚度。

6. 中秋文化宣传：在超市内外悬挂中秋主题的装饰，如灯笼、月亮等，播放中秋相关的音乐、视频等，营造浓厚的节日氛围。

7. 特色商品推广：推出一些具有地方特色的中秋商品，如特色月饼、地方特产等，满足不同顾客的购物需求。

五、活动时间与地点

时间：中秋节前一周至中秋节后一周

地点：超市内外及各门店

六、预期效果

通过本次中秋节超市活动策划，我们预期能够达到以下效果：

1. 销售额大幅提升：通过特色月饼展示、打折促销、满额赠礼等促销手段，提高销售额。

……

AIGC 生成了由活动背景、活动目标、活动主题、活动内容等 6 个小标题构成的活动策划书框架。

### 3.3.3 丰富商业活动策划书

活动流程是商业活动策划书的核心，可以在 AIGC 生成的策划书的基础上进一步细化。

【案例 10】在策划书中加入活动流程，输入提示词：增加时间安排。

输出如下。

……

特色月饼展示：

● 时间：中秋节前一周开始。

● 地点：超市入口及月饼专区。

● 内容：展示各种口味、款式、品牌的月饼，让顾客在挑选月饼的同时，感受到中秋节的浓厚氛围。

……

如果想进一步优化，可以添加预算等内容。

【案例11】输入提示词：添加活动预算。

输出如下。

> ……
>
> 五、活动预算
>
> （以下预算仅供参考，具体费用请根据实际情况调整）
>
> 1. 特色月饼展示：预计费用包括展示架制作、月饼采购等，约×××元；
> 2. 打折促销：预计费用包括宣传物料制作、人工成本等，约×××元；
> 3. 满额赠礼：预计费用包括赠品采购、包装费用等，约×××元；
> 4. 互动游戏：预计费用包括游戏道具制作、奖品采购等，约×××元；
> 5. 会员专享福利：预计费用包括会员优惠商品采购、积分换购成本等，约×××元；
> 6. 中秋文化宣传：预计费用包括装饰物制作、音乐与视频版权费用等，约×××元；
> 7. 特色商品推广：预计费用包括特色商品采购、展示架制作等，约×××元；其他杂项费用（如场地租赁、人工成本等），约×××元。总计预算约为×××元。
>
> ……

### 3.3.4　拓展案例

母亲节即将来临，小李的首饰店想做一个珍珠饰品套餐的活动，请用 AIGC 为其做一个商业活动策划书供其参考。

## 3.4　制作 Excel 工资表

### 3.4.1　工资表概述

工资表就是工资结算表，是部门、单位用于核算员工工资的表格，每个月都要有一张。通常工资表一式三份，一份由人事部门存查；一份是发放工资时，员工签名后交给财会部门作为工资核算的凭证；还有一份是要连同工资一起发给员工。员工可以就工资表中出现的问题向上级反映。

在工资表中，一般有应付工资、代扣款项和实发工资三大部分，涉及考勤、绩效等内容。随着企业员工流动率的提高、科技的发展、企业经营范畴的不断变化，单独制作每个人的工资条越来越复杂。利用 Excel 函数，可以简化工资表的很多统计工作。AIGC 也可以提供工资表的简单模板和相应的 Excel 函数建议。

### 3.4.2　工资表模板

AIGC 可以帮助用户了解工资表的作用，并提供工资表模板。

【案例 12】输入提示词：工资表。

输出如下。

工资表是记录员工工资信息的表格，通常包括员工姓名、工资等级、基本工资、津贴、奖金、扣款等项目。以下是一个简单的工资表示例：

| 序号 | 姓名 | 工资等级 | 基本工资 | 津贴 | 奖金 | 扣款 | 实发工资 |
|---|---|---|---|---|---|---|---|
| 1 | 张三 | A级 | 5000 | 800 | 1000 | 200 | 6600 |
| 2 | 李四 | B级 | 4500 | 700 | 800 | 150 | 5850 |
| 3 | 王五 | C级 | 4000 | 600 | 700 | 100 | 5200 |
| 4 | 赵六 | D级 | 3500 | 500 | 600 | 50 | 4550 |

在这个示例中，序号表示员工的序号，姓名表示员工的姓名，工资等级表示员工的工资级别，基本工资表示员工的基本工资，津贴表示员工的津贴，奖金表示员工的奖金，扣款表示员工的扣款金额，实发工资表示员工实际发放的工资。

AIGC 可以直接给出工资表的定义和模板。每个企业工资的构成是不一样的，这只是一个通用模板，可以根据实际情况进行调整。

想了解工资表的制作步骤，可以进一步输入提示词。

【案例 13】输入提示词：工资表的制作步骤是怎么样的？

输出如下。

制作工资表的过程通常涉及以下步骤：

1. 整理原始数据：将员工的所有相关信息整理到一个表格中，如姓名、部门、职位、基本工资、考勤记录等。

2. 设计工资表模板：根据公司的工资计算规则和标准，设计一个工资表模板。这通常包括表头信息（如员工姓名、部门、职位等），以及需要计算的工资项目（如基本工资、加班费、津贴、社保等）。

3. 输入数据：将整理好的原始数据输入设计的模板中。

4. 计算工资：根据公司的工资计算规则，计算每个员工的应发工资。这可能涉及一些公式和函数的使用，如使用IF函数进行条件判断，使用SUM函数进行求和等。

5. 核对数据：核对计算出的工资数据，确保没有错误或遗漏。

6. 打印工资条：将核对无误的工资数据打印出来，形成工资条。

7. 发放工资条：将打印好的工资条发放给每个员工。

以上是制作工资表的一般步骤，具体操作可能会根据公司实际情况有所不同。另外，现在很多公司使用电子工资条代替传统的纸质工资条，电子工资条的制作和发放也更加便捷。

可以按照以上步骤来完成工资表的制作。

对于一些专有名词，可以通过提示词来获得解释。

【案例14】输入提示词：工资中提到的五险一金是什么？

输出如下。

五险一金是指用人单位给予劳动者的几种保障性待遇的合称，具体包括养老保险、医疗保险、失业保险、工伤保险和生育保险，还有住房公积金。

其中养老保险、医疗保险和失业保险，这三种保险是由企业和个人共同缴纳保费，工伤保险和生育保险完全是由企业承担的，个人不需要缴纳。

缴纳社会保险是国家强制性的要求，不缴纳五险一金会受到相应的处罚。

养老保险是为了保障劳动者因年老丧失劳动能力，退出劳动岗位后的基本生活需要而设立的保险。医疗保险是为了保障劳动者在患病或非因工负伤期间暂时或长期丧失劳动能力时的基本生活需要而设立的保险。失业保险是为了保障劳动者在失业后寻找工作期间基本生活需要而设立的保险。工伤保险是为了保障劳动者因工伤残和职业病暂时或长期丧失劳动能力时的基本生活需要而设立的保险。生育保险是为了保障妇女劳动者在生育期间暂时丧失劳动能力时的基本生活需要而设立的保险。住房公积金则是根据员工工资的一定比例，由员工和单位同时缴纳的一种长期住房储蓄。

### 3.4.3 工资表模板设计技巧

AIGC还可以提供一些工资表模板设计的技巧。

【案例15】输入提示词：还有其他模板设计技巧吗？

输出如下。

除了上述提到的设计工资表模板的步骤和技巧外，还可以考虑以下几点：

1. 使用条件格式：在Excel中，可以使用条件格式来突出显示某些特定数据。例如，可以使用条件格式将工资低于一定金额的员工姓名或工资项目高亮显示，以便于快速识别。

2. 设置数据验证：为了确保数据的准确性，可以使用数据验证功能对某些单元格进行限制，例如限制输入的工资项目范围、部门名称等。

3. 使用数据透视表：对于大型数据集，可以使用数据透视表来汇总和计算工资数据。数据透视表可以帮助快速生成工资报表，并支持对数据进行筛选、排序和计算。

4. 自定义单元格样式：为了使工资表更加美观和易读，可以使用自定义单元格样式。例如，可以将单元格背景色设置为浅色或深色，使用不同的字体和字号等。

5. 插入批注：在模板中插入批注可以帮助用户更好地理解每个单元格的含义和计算方式。将鼠标指针悬停在单元格上显示批注，可以获取额外的信息。

6. 保护工作表：为了防止误操作导致数据丢失或错误，可以保护工作表。通过设置工作表的保护功能，确保只有授权人员可以修改工资表模板。

7. 备份模板：建议在每次设计完工资表模板后备份一份副本，以防误操作导致数据丢失或模板损坏。

以上是一些设计工资表模板的技巧，可以根据实际情况进行选择和应用。通过不断尝试和改进，可以设计出一个既美观又实用的工资表模板。

### 3.4.4　工资表中的 Excel 公式

AIGC 可以根据需求场景提供对应的 Excel 公式。

【案例 16】输入提示词：工资表中用到的 Excel 公式。

输出如下。

在工资表的制作过程中，可能会使用到以下几种Excel表格公式：

1. IF函数：用于条件判断。例如，IF（对比条件，真值，假值）。

2. SUM函数：用于求和。例如，SUM（需要求和的单元格范围）。

3. VLOOKUP函数：根据一个条件在另外一个表里查找需要的数据。例如，VLOOKUP（查找条件，查找区域，输出序列，0）。

4. COUNTA函数：用于统计非空单元格个数。例如，COUNTA（服务部工资表!B:B）-2。

5. SUMIFS函数：用于多条件求和。例如，SUMIFS（C1:C6,A1:A6,E2,B1:B6,F2）。

6. AVERAGEIF函数：用于单条件求平均。例如，AVERAGEIF（F3:F13,"男",H3:H13）。

7. COUNTIF函数：用于统计满足某个条件的单元格数量。例如，COUNTIF（H3:H13,">=28"）。

8. MATCH函数和INDEX函数：用于查找"合计"行数，然后用INDEX取值。

以上是工资表中可能会使用到的Excel表格公式，具体使用哪种公式需要根据实际情况来决定。

请注意，这些公式仅适用于简单的工资表制作。对于复杂的工资表，可能需要使用更高级的 Excel 功能和公式。在使用这些公式时，要遵守 Excel 的语法规则，并根据需要调整单元格引用和范围。

### 3.4.5　Excel 工资表的解决方案

AIGC 可以提供 Excel 工资表的解决方案，使用函数和 VBA 代码来计算员工工资。

【案例17】输入提示词：Excel工资表，使用函数和VBA代码来实现员工工资的计算。输出如下。

您好！根据您的需求，我将为您提供一个关于Excel工资表的解决方案。在这个问题中，我们将使用函数和VBA代码来实现计算员工工资的功能。

首先，我们需要创建一个Excel工资表，包括以下列：员工编号、姓名、基本工资、奖金、扣款等。然后，我们可以使用以下公式来计算每个员工的工资：

1. 计算员工的总工资（基本工资 + 奖金 – 扣款）：

=SUM(C2:F2)

这里假设员工编号在C列，姓名在D列，基本工资在E列，奖金在F列，扣款在G列。您可以根据实际情况调整单元格范围。

2. 使用IF函数来判断是否有扣款：

=IF(G2<>0, C2+D2+E2-G2, C2+D2+E2)

这里假设扣款在G列，如果G列的值不等于0，那么计算总工资时需要减去扣款；如果等于0，则不需要减去扣款。您可以根据实际情况调整单元格范围。

接下来，我将提供一个简单的VBA代码示例，用于自动计算员工工资并填充到相应的单元格中：

1. 打开Excel的"开发者"选项卡。如果没有显示"开发者"选项卡，请先在"文件" > "选项" > "自定义功能区"中勾选"开发者"选项卡。

2. 单击"Visual Basic"按钮，打开VBA编辑器。

3. 在VBA编辑器中，单击"插入" > "模块"，在模块中输入以下代码：

```vba
Sub CalculateSalary()
Dim ws As Worksheet
Dim lastRow As Long
Set ws = ThisWorkbook.Worksheets("Sheet1") '请将"Sheet1"替换为您的工作表名称
lastRow = ws.Cells(ws.Rows.Count, "C").End(xlUp).Row '找到最后一行的行号

'从第2行开始遍历每一行数据（第1行是标题行）
For i = 2 To lastRow
    '计算总工资并填充到相应的单元格中
    ws.Cells(i, "H").Value = ws.Cells(i, "C").Value + ws.Cells(i, "D").Value + ws.Cells(i, "E").Value - ws.Cells(i, "G").Value
    '判断是否有扣款并填充到相应的单元格中
    If ws.Cells(i, "G").Value <> 0 Then
        ws.Cells(i, "I").Value = ws.Cells(i, "C").Value + ws.Cells(i, "D").Value + ws.Cells(i, "E").Value - ws.Cells(i, "G").Value
    Else
        ws.Cells(i, "I").Value = ws.Cells(i, "C").Value + ws.Cells(i, "D").Value + ws.Cells(i, "E").Value
    End If
Next i
End Sub
```

4. 修改代码中的工作表名称（将"Sheet1"替换为您的实际工作表名称）。

5. 返回Excel，单击"开发者"选项卡下的"宏"，在弹出的对话框中选择"CalculateSalary"宏，然后单击"运行"。

现在，您的Excel工资表中的员工工资已经自动计算好了。如果您还有其他问题或需要进一步的帮助，请随时告诉我！

### 3.4.6　拓展案例

国庆节即将来临，小张制作工资表时，需要新增一列过节费，在其中设置：经理的过节费为 500 元，员工的过节费为 300 元。请用 AIGC 为其完成函数的选择和实现。

## 3.5　制作 PPT

### 3.5.1　演示文稿概述

PowerPoint（PPT）是微软公司的演示文稿软件。演示文稿是人们工作生活的重要组成部分，常常用在工作汇报、产品推介、管理咨询、项目竞标等活动中。AIGC 可以提供 PPT 内容框架和样式、PPT 大纲、开题答辩 PPT 等多项选择。

### 3.5.2　PPT 内容框架

选择 PPT 内容框架，通过输入提示词获得年终总结 PPT 的内容框架。

【案例 18】输入以下提示词。

现在你需要制作一份 PPT，你需要按照我给出的主题来准备这份 PPT 的内容。

最终你需要给出：

【目录】根据我给出的主题和内容撰写 PPT 目录；

【内容】根据目录中的标题一一撰写对应的内容大纲。

接下来，你需要制作的 PPT 主题是"年终总结"。

输出如下。

---

PPT 目录：

1. 引言

2. 工作内容回顾

3. 成果展示

4. 遇到的问题和解决方案

5. 自我评估/反思

6. 下一年度工作计划

7. 结束语

内容大纲：

1. 引言

年度总结的目的和意义

---

对过去一年的简单回顾

2. 工作内容回顾

按照时间顺序梳理一年来的工作内容

对每个项目的完成情况进行分析和总结

……

在 AIGC 的帮助下，PPT 制作人员明确了年终总结 PPT 中应该包含的内容。

### 3.5.3 在 PPT 中加入图片

在 PPT 各页加入图片，可以更好地解释文字内容，也能使 PPT 更美观。

【案例 19】输入提示词：PPT 需要图片，请插入图片。

输出如下。

……

4. 遇到的问题和解决方案

总结一年中遇到的问题和困难

分析问题的原因，提出针对性的解决方案，以及如何避免类似问题的再次出现

[图片3：问题解决的流程图]

5. 自我评估/反思

对自己的工作表现进行客观评价，包括优点和不足

分析自己的成长和进步，以及需要改进的方面

提出未来需要加强和提升的能力和素质

[图片4：自我评估的图表]

6. 下一年度工作计划

根据工作内容、成果展示和自我评估，制订下一年度的工作计划和目标

确定重点工作领域和优先级，以及具体的工作措施和时间安排

[图片5：下一年度工作计划的思维导图]

……

从上述结果可以看到，AIGC 不能真正地将图片插入 PPT，但是可以给出图片建议以及插入步骤。

【案例 20】输入提示词：在文本中插入图片。

输出如下。

很抱歉，我无法直接在文本中插入图片。但是，您可以在 PPT 中插入图片，并按照以下步骤操作：

1. 打开PPT，选择要插入图片的幻灯片。

2. 在菜单栏中选择"插入"选项卡。

3. 在"插入"选项卡中，单击"图片"按钮。

4. 在弹出的文件选择对话框中，找到并选择要插入的图片文件。

5. 单击"插入"按钮，将图片插入幻灯片中。

6. 根据需要调整图片的大小和位置，以确保其与文本内容相匹配。

请注意，插入的图片应该与文本内容相关，并且应该选择适当的图片来增强视觉效果和清晰度。同时，还需要注意图片的版权问题，确保使用合法授权的图片。

### 3.5.4 PPT 样式搭配

AIGC 可以根据 PPT 主题，提供样式、色彩搭配和内容等建议，帮助 PPT 制作人员更高效地制作 PPT。

【案例 21】输入提示词：制定一个下学期的规划，并提出页面色彩、样式等搭配的参考建议。输出如下。

制订下学期的规划时，可以考虑以下几个方面：

1. 学习目标：明确下学期的学习目标，包括提高哪些学科的成绩、掌握哪些新的技能等。

2. 时间管理：制订一个合理的时间表，安排好每天的学习时间和休息时间，确保高效利用时间。

3. 课外活动：计划参加一些课外活动，如社团、志愿者活动等，丰富自己的课余生活。

4. 个人发展：设定一些个人发展目标，如提升沟通能力、锻炼身体等。

5. 健康与生活：保持良好的生活习惯，注意饮食和运动，保持身体健康。

页面色彩搭配建议：

1. **封面**：使用明亮而温馨的颜色，如浅蓝色或浅绿色，以突出标题和吸引注意力。

2. **学习目标**：使用柔和的色调，如淡黄色或淡粉色，以突出学习目标的重要性。

3. **时间管理**：使用清新的色彩，如淡紫色或淡橙色，以突出时间的管理和安排。

4. **课外活动**：使用活泼的色彩，如明亮的红色或橙色，以突出课外活动的多样性和乐趣。

5. **个人发展**：使用温暖的色调，如淡红色或淡棕色，以突出个人成长和发展的重要性。

6. **健康与生活**：使用自然的色彩，如淡绿色或淡蓝色，以突出健康和生活的重要性。

样式搭配建议：

1. **字体选择**：选择清晰易读的字体，如Arial、Calibri或Times New Roman。标题可以使用粗体或稍大字号，以突出重点。

2. **排版布局**：使用清晰的标题和子标题，合理划分内容区域。避免文字堆砌，使用项目符号或编号列出要点。

3. **图表和图形**：使用图表和图形来展示学习成绩、时间管理计划等内容，使信息更直观易懂。

4. **图片和图标**：适当添加图片和图标来点缀页面，如学习用品、时钟等与内容相关的元素。

5. **页面背景**：可以选择使用淡雅的背景色或纹理，以增加页面的美观度和层次感。

AIGC 提供了色彩搭配和内容的建议，PPT 制作人员可以在此基础上根据个人喜好和风格进行个性化设计。

### 3.5.5　拓展案例

到年底了，IT 公司的小红要为自己所在的开发部准备年度总结，请用 AIGC 为其完成基本汇报演示文稿框架的搭建。

## 3.6　撰写个人简历

### 3.6.1　个人简历概述

个人简历是对个人学历、经历、特长、爱好等各种情况所做的简明扼要的介绍，是应聘者求职的"敲门砖"，是一种规范化的、逻辑化的、有针对性的书面自我介绍。

个人简历是用于应聘的书面交流材料，它是应聘者向潜在雇主展示自己拥有特定工作要求的技能、资质的材料，是应聘者进行自我营销的工具。

AIGC 可以生成简历，也可以对简历进行润色。

### 3.6.2　生成个人简历

AIGC 可以根据姓名、性别和个人经历等信息，撰写一份简单的个人简历。

【案例22】输入以下提示词。

根据下面的信息生成简历，要求内容丰富，合理发散，适度包装。

张伟，138-××××-××××，zhangwei@example.com，中国科学技术大学，计算机科学与技术，学士，2019年9月—2023年6月；获得国家奖学金，绩点3.8/4.0；2022年8月—2022年12月，在百度实习，做后端开发；熟悉Java、Python、C++；制作的校园导航App获得学校科技创新大赛二等奖。

输出如下。

---

张伟

电话号码：138-××××-××××

电子邮件地址：zhangwei@example.com

教育背景：

中国科学技术大学  2019.09—2023.06

计算机科学与技术  本科  计算机科学与技术学院

学术荣誉：

- 国家奖学金（2021、2022）
- 学习绩点：3.8/4.0

实习经历：

百度  2022.08—2022.12

后端开发实习生

- 参与公司核心产品的后端开发，确保产品性能稳定和高效。
- 与团队紧密合作，共同进行系统设计和架构优化，提升系统运行效率。
- 使用Java、Python和C++进行开发，并负责代码的维护和改进。

校园经历：

校园导航App项目  2021.10—2022.06

作为项目负责人，带领团队开发一款校园导航App，旨在方便学生在校园内的出行。该项目在科技创新大赛中荣获二等奖。

- 负责整体项目规划和架构设计，确保项目顺利进行。
- 与团队成员密切合作，共同完成功能开发和测试。
- 负责App的UI设计和用户体验优化，提高用户满意度。

个人技能：

- 熟悉Java、Python、C++开发语言。
- 了解Android和iOS开发平台。

---

如果想要强调某方面，可以通过提示词让 AIGC 继续生成相关内容。

【案例 23】如想强调自己对数据结构和算法的理解，则可以输入提示词：能否在简历中突出对数据结构和算法的理解？

得到输出如下。

对数据结构和算法的理解：

我深知数据结构和算法在计算机科学中的核心地位。在校期间，我不仅系统地学习了各种基础数据结构，如数组、链表、栈、队列、树、图等，还深入研究了各种经典算法，如排序、搜索、图论算法等。通过实践项目和参加算法竞赛，我锻炼了自己的算法设计和分析能力，能熟练地运用数据结构和算法解决实际问题。我始终认为，对数据结构和算法的深入理解是成为一名优秀工程师的关键。

……

这样就可以逐步完善自己的简历。

### 3.6.3 润色个人简历

在已有的个人简历的基础上，AIGC 可以通过结构化分类等方法对个人简历进行优化，使得简历更加便于面试官阅读，突出个人特点。

【案例 24】输入以下提示词。

以下是我写的简历草稿。请根据这个简历草稿帮我润色包装一下，生成一份较为正式的简历。

Paul Davis，5769 Alexander Court, Lake Kathymouth, MN 07274，电话是 849-430-8934，电子邮箱是 thomas47@example.com。

求职目标：寻求大语言模型领域的职位，希望能够用到我的编程和自然语言处理知识。

教育背景：University of South Timothyshire，计算机科学与技术学士。

主修课程：JavaScript, Python, 自然语言处理。

项目经验

- 自然语言处理项目：使用 Python 语言结合 NLP 技术开发了一个聊天机器人，成功模拟了基本的人类互动。

- 网页开发项目：使用 JavaScript 语言结合现代网络技术创建了一个动态网站，注重响应式设计和用户体验。

技能专长

- 编程语言：JavaScript，Python。
- 框架：React，Node.js。
- 数据库：MySQL，MongoDB。

实习经历

- 互联网公司实习：担任大语言模型评估产品经理实习生，负责推理和问答评估分析工作，促进大语言模型的迭代优化。

其他经历

- 编码比赛：在大学的编码比赛中获得一等奖，展现了在算法开发和问题解决方面的能力。

输出如下。

---

Paul Davis

5769 Alexander Court, Lake Kathymouth, MN 07274

电话：849-430-8934

电子邮件：thomas47@example.com

求职目标

寻求大语言模型领域的职位

教育背景

南蒂希茅斯大学

计算机科学与技术学士

主修课程：JavaScript，Python，自然语言处理

项目经验

1. 自然语言处理项目：运用Python语言结合自然语言处理技术开发了一个聊天机器人，能够模拟基本的人类互动，提升了人机交互的体验。

2. 网页开发项目：使用JavaScript语言和现代网络技术构建了一个动态网站，注重响应式设计和用户体验，为用户提供流畅的浏览体验。

技能专长

1. 编程语言：JavaScript，Python

2. 框架：React，Node.js

3. 数据库：MySQL，MongoDB

实习经历

互联网公司实习：担任大语言模型评估产品经理实习生，负责推理和问答评估分析工作，为大语言模型的优化迭代提供了有力支持。

其他经历

编码比赛：在大学级别的编码比赛中表现出色，荣获一等奖，充分展现了在算法开发和问题解决方面的能力。

---

这样，AIGC 就把一个简历草稿包装成了一个较为规范的简历。

## 3.6.4　生成个性化简历

在已有的个人简历的基础上，AIGC 可以对其风格进行优化。

【案例 25】输入以下提示词。

以小红书风格，制作一份算法工程师简历，要有擅长技能和工作经历的说明。

输出如下。

> 擅长技能：
>
> 1. 编程语言：精通Python、Java、C++，熟悉R、SQL。
>
> 2. 机器学习与深度学习：从线性回归到神经网络，从决策树到随机森林，我都能熟练应用。
>
> 3. 数据处理与分析：熟练使用Excel、Pandas、Numpy、Matplotlib等工具。
>
> 4. 算法设计：从动态规划、贪心算法到图论，我都能应对自如。
>
> 5. 大数据处理：熟悉Hadoop、Spark等大数据处理框架。
>
> 教育背景：
>
> 1. 北京大学计算机科学与技术专业，本科
>
> 2. 斯坦福大学计算机科学专业，硕士
>
> 工作经历：
>
> 1. 某知名互联网公司：算法工程师
>
> ● 参与推荐系统优化，提高用户点击率10%以上。
>
> ● 设计并实现一套实时数据流处理系统，为公司节省成本20%。
>
> 2. 某知名金融公司：数据分析师
>
> ● 利用机器学习算法预测股票市场走势，准确率达85%。
>
> ● 开发一套风险评估模型，降低公司投资风险10%。
>
> 个人特点：
>
> 1. 对技术充满热情，持续学习新技术和工具。
>
> 2. 善于团队合作，能够快速融入新环境。
>
> 3. 对数据敏感，善于发现数据背后的规律。

还可以在简历中加入一些指定内容，AIGC会将其放到合适的位置。

【案例26】如要求在简历中加一句话"善于学习新的技术"，可以输入提示词：再加一句，善于学习新的技术。

输出如下。

> ……
>
> 擅长技能：
>
> 1. 编程语言：精通Python、Java、C++，熟悉R、SQL。
>
> 2. 机器学习与深度学习：从线性回归到神经网络，从决策树到随机森林，我都能熟练应用。
>
> 3. 数据处理与分析：熟练使用Excel、Pandas、Numpy、Matplotlib等工具。
>
> 4. 算法设计：从动态规划、贪心算法到图论，我都十分熟悉。

5. 大数据处理：熟悉Hadoop、Spark等大数据处理框架。

6. 善于学习新的技术：始终保持对新技术的好奇心，乐于学习并迅速掌握新技术。

……

### 3.6.5 拓展案例

小张在北京某大学读金融学专业，今年已经大三，面临实习，他想申请一个数据分析师的岗位，请用 AIGC 为其制作一份个人简历。

## 3.7 小结

（1）随着 AI 的不断发展，AIGC 可以帮助文案设计师提高工作效率，提升文案质量。

（2）AI 技术赋能营销，帮助企业在营销策略上进行创新。借助 AIGC 技术，有助于开展个性化营销活动，实现营销策略的优化和个性化调整。

（3）AIGC 促进了数字化办公理念的落地，促进了办公文档的多样性、包容性、持续性发展，以适应不断变化的市场环境和员工需求，让员工能够快速理顺工作思路，将核心精力投放到关键作业中。

## 3.8 实训

小王同学即将从某 211 高校的计算机专业毕业，他在大学 4 年期间，积极参加各类社团活动，获得了微软公司的 Azure 证书，期望能够在北京找到一份合适的工作，现在，他想借助 AIGC 来协助他实现这一目标。

具体内容如下：

（1）完成一份简历；

（2）准备一份能够展现个人能力的演示文稿；

（3）制作一个能够展现个人特色的短视频。

## 3.9 习题

（1）简述利用 AIGC 制作营销策划方案的步骤。

（2）简述如何利用 AIGC 不断优化自己的演示文稿。

（3）简述如何利用 AIGC 优化个人简历。

# 第4章
## AIGC助力学习成长

# 04

## 【本章导读】

近年来，随着 AIGC 技术的不断发展，其在教育领域中的应用也日益普及。AIGC 技术可以帮助教师更好地了解学生的学习状态，提高教育质量。同时，AIGC 技术也为学生提供了更加个性化、高效的学习方式，还能帮助家长更清楚地掌握孩子的学习情况。合理使用 AIGC 有助于学生提高成绩。学校和老师可以利用 AIGC 的评估体系追踪学生对知识的吸收效果和学习质量。同时，学校也需要培养学生正确使用 AI 技术的意识，从而最大程度地发挥 AI 辅助学习的优势。本章介绍使用 AIGC 进行文章写作、新知识学习以及 AI 面试。

## 【本章要点】

- 文章写作
- 新知识学习
- AI 面试

## 4.1 文章写作

写作是人类最重要的交流方式之一，也是学术研究中不可或缺的环节。然而，写作并不是一件容易的事情。写作者需要花费大量的时间和精力并且面临着各种各样的挑战，如格式规范、内容组织等。因此，如何提高写作效率和质量一直是写作者关注的重点。

### 4.1.1 文章写作概述

文章是一种用文字表达思想的形式，通常用于传递信息、表达观点、记录事件或描述事物。无论是哪种类型的文章通常都包含标题、引言、正文、结尾共 4 个基本部分。表 4-1 所示为常见的文章写作步骤。

**表 4-1　常见的文章写作步骤**

| 步骤 | 名称 | 内容 |
| --- | --- | --- |
| 1 | 确定主题 | 写文章的第一步就是确定主题，也就是文章的中心思想。文章的主题一定要选择自己所感兴趣的话题或和当前热点接近的话题 |
| 2 | 搜集资料 | 确定主题之后就要根据主题去搜集相关资料。搜集资料的途径有网络查找、图书馆查找、向他人咨询和亲身实践等 |
| 3 | 撰写提纲 | 第三步是撰写提纲（构建框架），即确定先写什么后写什么，怎么递进等 |
| 4 | 写初稿 | 写初稿的时候要注意层次性和独特性。一般情况下，一篇好的文章要层次分明、主题突出、就事论理、见解独特 |
| 5 | 修改润色 | 检查文章有无错误、题目是否贴切、材料与主题是否统一、结构是否严谨、论点是否明确、论据是否充分、用词是否准确、行文是否规范等，并进行修改润色 |

文章写作中常见的提示词如下。

> 我需要写一篇环境科学领域的文章，要求有深入的环境问题分析、有效的实验设计、详尽的论据和有意义的环境政策建议。您能够为我撰写这篇环境科学文章的提纲吗？

> 我需要一篇大数据领域的报告，要求有深入的问题分析、有效的实验设计、详尽的论据和有价值的实践建议。您能够为我编写这篇大数据报告的摘要吗？

> 我希望你能帮助我，对我提供的语句进行修改，在保持原意大致不变的情况下，使语句更具专业性，可以适当扩写，但不要冗杂。

> 我需要写一份提案，要求有清晰的研究目标、可行的研究方法和创新的研究思路。您能够为我设计这份提案的提纲吗？

> 我希望你能帮助我找到一个主题，你的任务是搜集来源可靠的材料，以良好的结构组织材料，并记录引用文献。请帮我撰写一篇关于可再生能源现代发展趋势的提纲。

> 我希望你能帮助我找到文章的一个主题，确定一个论点，然后列出可以支撑论点的论据。我的第一个请求是帮我提出一个可以印证减少我们环境中的塑料废物的重要性的论据。

> 我需要写一篇在国庆节参观博物馆的感想，帮我分析一下，我应该从哪些方面进行写作？

> 我需要更好地了解{研究方向}的研究进展。请提供有关该研究方向的背景和历史的综述，并概括已有研究的主要结论和发现。请给出有关如何识别和整合不同研究的结论和发现的建议，并探讨如何评估这些结论和发现的可靠性和有效性。最后，请提供有关如何总结和解释文章的建议。

> 随着时代的发展，科技越来越成为人们生活中不可或缺的一部分。科技的进步改变了我们的生活方式、商业模式和社交方式等，同样也深刻影响着教育行业。请论证科技的进步对现实的影响，并列出提纲。

需要注意的是，论文是科研成果的结晶。在论文撰写的过程中，务必保证论文内容真实可靠，端正学术态度，遵守学术规范。AIGC 只能作为辅助工具，帮助我们整合思路、构思提纲、查阅资料、润色文字，并不能代替我们撰写论文内容。

本节将介绍如何利用 AIGC 辅助文章（以议论文为例）写作，包括选择主题、查阅资料、构思提纲、修改润色，具体方法如下。

（1）选择主题

使用者可以先向 AIGC 提出一个感兴趣的主题或大致方向，例如，人工智能对社会的影响、人工智能对教育的影响、大数据对工业互联网的影响、高职院校专业群建设等。AIGC 会根据使用者提供的主题进行分析和回答，并给出一些可能的研究方向或角度，使用者可以根据 AIGC 给出的建议来选择一个具体且有意义的主题。

（2）查阅资料

使用者向 AIGC 提供一个主题，AIGC 会根据主题自动搜索相关的文献资料，并给出一些摘要和引用信息。使用者可以根据 AIGC 给出的资料来进行筛选，并保存一些有用的信息。

（3）构思提纲

使用者向 AIGC 提供主题和查阅的资料，AIGC 会根据主题和资料自动生成一份提纲，并给出一些主要观点和论据。使用者可以根据 AIGC 给出的提纲来进行修改或补充，并按照提纲来撰写议论文。

（4）修改润色

使用者向 AIGC 提供已经设置好格式的论文，AIGC 会自动检查议论文中是否有语法错误或逻辑不通的地方，并给出一些修改意见。最后，使用者可以根据 AIGC 给出的修改意见来进行修改或补充，以完善论文。

## 4.1.2　确定主题

首先由使用者向 AIGC 寻求可探讨的主题的建议，如下所示。

问：我打算写一篇名为《人工智能对教育的影响》的论文，有哪些适合的撰写主题？

答：以下是一些适合的主题，供参考：

人工智能在教育中的应用：探讨人工智能在教育中的应用现状、优缺点及其未来发展趋势，并分析其对学生学习效果、教师教学方式、教育管理等方面的影响。

人工智能与教育教学模式创新：分析人工智能技术在教育教学模式创新方面的应用，探讨如何利用人工智能技术实现个性化教育、智能化评估、智能化辅导等，提升教育教学质量和效率。

人工智能与教育评价：探讨人工智能技术在教育评价方面的应用，如何利用人工智能技术实现教育评价的自动化、智能化和精准化，以及对学生学习效果的影响。

人工智能与教育资源共享：分析人工智能技术在教育资源共享方面的应用，如何利用人工智能技术实现教育资源的共享和优化配置，以及对教育公平的影响。

本文以人工智能在教育中的应用作为文章主题。

## 4.1.3 生成提纲

一个好的提纲有助于作者有条理地安排材料、展开论证。使用 AIGC 撰写提纲时可使用如下提示词。

问：请为论文《人工智能在教育中的应用》撰写提纲。

答：以下是一份可能适用于论文《人工智能在教育中的应用》的提纲，供参考：

Ⅰ. 引言

研究背景和意义

研究目的和研究问题

研究方法和文章结构

Ⅱ. 人工智能在教育中的应用现状

人工智能在教育中的应用概述

人工智能在教育中的应用优势和不足

Ⅲ. 人工智能在教育中的应用模式

人工智能在教育中的应用模式分类

人工智能在教育中的应用模式比较

人工智能在教育中的应用模式创新

Ⅳ. 人工智能在教育中的应用效果

人工智能在教育中的应用效果评估

人工智能在教育中的应用效果分析

人工智能在教育中的应用效果比较

**105**

V．人工智能在教育中的应用挑战

人工智能在教育中的应用挑战概述

人工智能在教育中的应用挑战分类

人工智能在教育中的应用挑战解决方案

VI．人工智能在教育中的应用展望

人工智能在教育中的应用展望概述

人工智能在教育中的应用展望发展趋势

人工智能在教育中的应用展望未来展望

VII．结论

总结研究成果

提出研究不足和改进建议

展望未来研究方向

VIII．参考文献

## 4.1.4　修改提纲

生成提纲后，使用者可使用如下提示词修改提纲。

问：修改这个提纲，加入人工智能在教育中的案例等内容。

答：

好的，以下是修改后的大纲，加入了人工智能在教育中的案例等内容：

I．引言

研究背景和意义

研究目的和研究问题

研究方法和文章结构

研究贡献和不足之处

II．人工智能在教育中的应用现状

人工智能在教育中的应用概述

人工智能在教育中的应用优势和不足

III．人工智能在教育中的应用模式

人工智能在教育中的应用模式分类

人工智能在教育中的应用模式比较

人工智能在教育中的应用模式创新

IV．人工智能在教育中的应用效果

人工智能在教育中的应用效果评估

> 人工智能在教育中的应用效果分析
>
> 人工智能在教育中的应用效果比较
>
> Ⅴ. 人工智能在教育中的应用挑战
>
> 人工智能在教育中的应用挑战概述
>
> 人工智能在教育中的应用挑战分类
>
> 人工智能在教育中的应用挑战解决方案
>
> Ⅵ. 人工智能在教育中的应用案例
>
> 人工智能在教育中的应用案例分析
>
> 人工智能在教育中的应用案例比较
>
> 人工智能在教育中的应用案例总结
>
> Ⅶ. 人工智能在教育中的应用展望
>
> 人工智能在教育中的应用展望概述
>
> 人工智能在教育中的应用展望发展趋势
>
> 人工智能在教育中的应用展望未来展望
>
> Ⅷ. 总结研究成果
>
> 提出研究不足和改进建议
>
> 展望未来研究方向
>
> Ⅸ. 参考文献

对比 AIGC 第一次生成的提纲，后一次生成的提纲中包含人工智能在教育中的应用案例。如使用者有其他需求，也可以对 AIGC 提出。在完善提纲后，使用者可以参考提纲撰写文章。

## 4.1.5　提供修改建议

文章撰写完成后，使用者可让 AIGC 工具提供一些修改建议。

> 问：我该如何对该议论文进行修改？
>
> 答：1. 仔细检查每个句子的语法和拼写，确保没有错别字或语法错误。
>
> 2. 确保每个段落都有一个明确的主题句，并且段落之间的转换流畅自然。
>
> 3. 检查议论文中的逻辑关系，确保各个部分之间的关系清晰明了。
>
> 4. 确保每个引用都正确引用，并且符合所使用的引用格式。
>
> 5. 在论文的结论部分，总结论文的主要观点和结论，并强调其重要性和意义。
>
> 希望这些建议能够帮助您检查您的论文，并提供一些有用的修改意见。

使用者可根据以上建议对论文进行检查。值得注意的是，AIGC 一般在完成难度较低的任务上比较有竞争力，但现阶段它提供的是没有思想的内容，其最大的作用是辅助，使用者不应过度依赖 AIGC 工具。在学习过程中，学生要有明确的问题意识和主观思考能力，这样才能把问题简化成 AIGC 工具能听懂的指令，使它生成可靠的答案。过度依赖 AIGC 工具可能会导致学生缺乏人际交流，影响他们的社交能力。人际交流不仅包括语言交流，还有面对面的情感交流、情绪理解和社会性行为。人类社会是一个复杂的系统，充满了微妙的情感和社会关系，这是 AI 暂时无法理解的。

### 4.1.6　拓展案例

李亮是高职院校工业互联网技术专业大二的学生，他想完成一篇大数据对工业互联网的影响的调研报告，请帮助他借助 AIGC 工具完成这一调研报告的提纲。

## 4.2　新知识学习

AI 技术迅速发展，正逐渐渗透到我们生活的方方面面，其在教育领域的应用尤为突出。无论是学生、教师，还是家长，都可以利用 AI 技术提高学习效果或教育质量。例如，利用 AI 技术可以实时收集和分析学生的学习数据，这不仅可以帮助学生发现自己在学习过程中的问题，还可以让教师及时调整教学策略，确保每个学生都得到有效的引导和支持。此外，AI 虚拟助教和智能导师提供 24 小时不间断的学习支持，让学生随时随地解决问题，获得帮助。这些 AI 助教可以回答学生的问题，提供学习资源，甚至进行一对一辅导，为学生提供个性化的学习体验。

### 4.2.1　新知识学习概述

AI 模型需要大量的数据来学习和进化，就像一个孩子需要各种信息和经验来成长。现在，人们可以通过自监督学习的方法，让 AI 模型通过观察和理解数据之间的关联，自主地学习。这就好像让一个孩子在家里自己玩玩具，不需要父母时刻陪伴。通过自监督学习，AI 模型可以在很短的时间内获得相当于人类学习数年的知识。如果我们能将 AI 技术应用到教育领域，让 AI 成为每个人的私人导师，我们的学习效率将大大提高。

假设有一位名叫张永的中学生。他的数学成绩一直不太理想，尤其是几何学。在传统的教育模式下，张永可能需要花费大量时间在课后辅导班和家庭作业上。但是，如果让一个 AI 导师来教他，情况就会大不相同。AI 导师首先会分析张永的学习数据，了解他的弱点和优点，然后制订一套有针对性的学习计划。当张永学习几何学时，AI 导师会根据他的进度实时调整难度和内容，确保他始终处于最佳的学习状态。

此外，AI 导师还可以利用各种有趣的方式来激发张永的学习兴趣。例如，AI 导师可以将几何学与张永喜欢的足球结合起来，让他通过分析球场上的角度和距离来理解几何概念。在这个过程中，张永会觉得学习几何变得更加有趣和实用，从而更加乐于投入学习中。

因此，AI 教育革新为普通人提供了更多的学习机会和手段。普通人可以利用 AI 进行个性化学习，以提高学习效果和实现个人目标。然而，AI 技术仍然处于不断发展和演进的阶段，仍然存在一些使用上的限制。因此，普通人在利用 AI 进行学习时，需要保持学习的主动性和批判性思维，不能仅仅依赖于 AI 本身，还要注重培养自己的学习能力。

## 4.2.2　了解新领域

小明是某大学电子商务专业的一名大二学生，一直以来他都对 AI 技术十分感兴趣，想先了解 AI 的内容，然后再根据兴趣来自学。于是，他与 AIGC 进行了如下的对话。

> 问：我想了解人工智能的基础知识，该从哪些方面入手？
>
> 答：人工智能是一个广泛的领域，涉及许多不同的技术和应用。如果您想深入了解人工智能的基础知识，以下是一些可以入手的方面。
>
> 数学和统计学：人工智能的核心是数学和统计学，包括线性代数、概率论、统计学和优化理论等。这些基础知识对于理解和设计机器学习算法和深度学习模型至关重要。
>
> 编程技能：学习编程语言是学习人工智能的必要条件。Python和Java是常用的人工智能编程语言。此外，了解数据结构和算法也是掌握编程技能中的关键要素。
>
> ……
>
> 以上仅是人工智能基础知识的一些方面，您可以根据自己的兴趣和需求选择相应的领域进行深入学习。
>
> 问：学习人工智能，最需要掌握的技能是什么？
>
> 答：学习人工智能，最需要掌握的技能是编程技能。编程技能是人工智能领域最基础的技能之一，因为人工智能的实现需要编写程序来处理数据、进行模型训练和预测、进行自动化决策等。
>
> 除了编程技能，还需要具备数学、统计学、机器学习、深度学习等相关领域的知识和技能。这些知识和技能可以帮助理解人工智能的原理和应用，在实际应用中进行模型的设计、训练和优化。
>
> ……
>
> 总之，学习人工智能需要掌握多个领域的知识和技能，并且需要不断地学习和实践，才能取得成功。
>
> 问：人工智能常用编程语言是什么？
>
> 答：人工智能的应用涉及很多不同的领域和技术，因此常用的编程语言也比较多样化。以下是几种常见的编程语言。
>
> Python：Python是一种高级编程语言，具有简单易学、易读易写、丰富的库和工具等优点，被广泛应用于人工智能领域。
>
> R：R是一种专门用于统计分析和数据可视化的编程语言，也被广泛应用于人工智能领域。

Java：Java是一种面向对象的编程语言，具有跨平台性和稳定性等优点，被广泛应用于人工智能领域的大数据处理和机器学习等方面。

……

除了以上几种编程语言，还有很多其他的编程语言也被广泛应用于人工智能领域，如Scala、Julia、Go等。选择哪种编程语言主要取决于具体的应用场景和个人喜好。

问：我想学习Python，有什么好的建议吗？

答：学习Python是一个非常好的选择，因为Python是一种易学易用、功能强大的编程语言，被广泛应用于人工智能领域的数据分析、机器学习、Web开发等方面。以下是一些学习Python的建议。

学习基础知识：首先，你需要学习Python的基础语法、数据类型、流程控制、函数、模块等基础知识。可以通过阅读Python官方文档、参考书籍、在线课程等方式来学习。

练习编程：学习编程最重要的就是练习编程，可以通过做一些小项目、参与开源项目、写博客等方式来提高编程能力。

……

总之，学习Python需要耐心和毅力，需要不断地练习和实践。希望这些建议能对你有所帮助。

问：谢谢帮助！

答：不客气，祝你学习愉快！如果你还有其他问题或需要帮助，请随时联系我。

小明通过与 AIGC 对话，大概了解了 AI 领域的内容，他认为 AI 领域非常有趣，决定开始自学。

### 4.2.3　学习新领域

小明已经了解了 AI 领域的基本内容，他想从本专业入手，学习一些有用的知识，于是他继续与 AIGC 展开对话。对话如下。

问：对于电子商务专业的学生，想了解人工智能的基础知识，应该从哪方面入手？

答：对于电子商务专业的学生，想了解人工智能的基础知识，可以从以下几个方面入手。

机器学习：机器学习是人工智能的一个重要分支，它可被用于电子商务中的许多应用，例如推荐系统、广告投放、搜索排序等。机器学习的基础知识包括监督学习、无监督学习、强化学习等。

……

以上是从电子商务专业的角度出发，介绍了人工智能的基础知识，希望对您有所帮助。

问：推荐系统的基本原理是什么？它是如何实现的？

答：推荐系统的基本原理是根据用户的历史行为和偏好，预测用户可能喜欢的物品，并向用户推荐这些物品。具体来说，推荐系统的流程通常包括以下几个步骤。

数据收集：收集用户的历史行为数据，例如用户访问的网页、购买的商品、评分的电影等。

数据处理：对收集到的数据进行处理，包括数据清洗、特征提取、数据建模等。

推荐生成：基于用户的历史行为和偏好，预测用户可能喜欢的物品，并生成推荐结果。

……

通过以上对话，小明对机器学习这个新领域有了一定的认识，也对机器学习中的推荐系统产生了兴趣，他决定继续学习下去。

## 4.2.4　掌握新领域

小明想深入地学习推荐系统中数据收集的相关知识，于是与 AIGC 展开了如下对话。

问：数据收集具体如何实现？

答：数据收集是推荐的第一步，它的具体实现方式取决于推荐系统的应用场景和数据源。以下是一些常见的数据收集方式。

网页抓取：通过网络爬虫技术，从互联网上抓取用户访问的网页数据，包括用户浏览的商品、点击的链接、搜索的关键词等。

传感器数据：对于一些需要用户行为数据的场景，可以通过传感器等设备收集用户的行为数据，例如用户的运动轨迹、睡眠时长、心率等。

……

在数据收集的过程中，还需要注意数据的质量和完整性，例如数据缺失、数据重复等。为了提高推荐系统的准确性和可靠性，需要对数据进行清洗和处理，例如去除噪声数据、填补缺失数据等。

问：请介绍一下网络爬虫技术。

答：网络爬虫技术是一种自动获取互联网上信息的技术。它通过程序模拟人类浏览器的行为，自动地从网站上获取信息，并将这些信息保存到本地或远程服务器上，以便进一步的处理和分析。

网络爬虫技术通常分为两种类型：基于规则的爬虫和基于机器学习的爬虫。

……

问：请介绍一下网络爬虫原理。

答：网络爬虫，也被称为网页蜘蛛或网络机器人，是一种能按照一定的规则，自动地抓取万维网信息的程序或者脚本。其基本工作原理如下。

首先，爬虫会从初始的URL地址获取页面信息。这个初始的URL地址可以由用户人为地指定，也可以由用户指定的某个或某几个初始爬取网页决定。

......

问：我该如何学习网络爬虫技术？

答：网络爬虫技术是一种比较高级的技术，需要一定的编程基础和计算机网络知识。以下是一些学习网络爬虫技术的建议。

学习编程语言：网络爬虫技术通常使用Python等编程语言进行开发，因此需要掌握至少一种编程语言的基本语法和数据结构知识。

学习网络协议和HTTP协议：网络爬虫技术需要与网站进行交互，因此需要了解HTTP协议和网络协议的基本知识，例如HTTP请求和响应、TCP/IP协议等。

问：网络爬虫技术的难点是什么？

答：反爬技术：网站管理员通常会采取反爬技术来防止爬虫程序对其网站进行爬取。这些反爬技术包括IP封禁、验证码、动态加载等。要想防止爬虫程序爬取网站，需要对反爬技术有深入的了解，并且需要采用相应的应对策略。

数据质量：网络爬虫获取的数据往往存在质量问题，如重复数据、缺失数据、错误数据等。这些问题需要通过数据清洗、去重、纠错等手段来解决。

......

问：如何存储爬取的数据？

答：存储爬取的数据通常需要考虑以下几个方面。

数据结构：根据数据的类型和结构，选择合适的数据结构来存储数据。常用的数据结构包括列表、字典、集合、元组、数组等。

数据库：如果需要对数据进行更复杂的查询和分析，可以考虑使用数据库来存储数据。常见的数据库包括 MySQL、Oracle、MongoDB 等。

......

问：MySQL存储如何实现？

答：MySQL是一种常用的关系型数据库，可以用于存储和管理大量的数据。下面是MySQL存储数据的基本步骤。

安装MySQL：首先需要安装MySQL数据库——可以从MySQL官网下载安装包进行安装。

创建数据库：安装完成后，需要创建一个数据库，可以使用MySQL的命令行工具或者图形化界面工具来创建。

创建表：在数据库中创建一个或多个表来存储数据，表由列和行组成，每个列对应一个数据类型。

......

通过以上对话，小明对网络爬虫技术产生了兴趣，并打算通过查阅资料来自学网络爬虫技术。

## 4.2.5 巩固新领域

经过一段时间的自学，小明对网络爬虫技术有了初步的理解，并通过编程进行了实践。他想检验一下自己的学习成果，于是又与 AIGC 展开了对话，对话如下。

> 问：请出一道关于网络爬虫技术的选择题来考考我。
>
> 答：好的，请看下面的选择题：
>
> 在网络爬虫中，以下哪种方式可以实现爬取动态网页的效果？
>
> A. 设置请求头信息，让服务器认为请求是浏览器发起的
>
> B. 使用代理IP，隐藏真实的IP地址
>
> C. 使用定时器，定时访问目标网页
>
> D. 使用JavaScript，模拟用户行为，实现自动刷新页面
>
> 正确答案是A。设置请求头信息，让服务器认为请求是浏览器发起的，可以模拟浏览器的行为，从而实现爬取动态网页的效果。其他选项虽然也可以实现一定程度的自动爬取，但都不能完全模拟浏览器的行为。
>
> 问：请再出一道关于网络爬虫技术的选择题来考考我。
>
> 答：好的，下面是一道关于网络爬虫技术的选择题：
>
> 以下哪种技术不是用于爬取网站数据的？
>
> A. User-Agent伪装
>
> B. 代理服务器
>
> C. 动态网页解析
>
> D. JavaScript 解析器
>
> 答案是：D。JavaScript 解析器不是用于爬取网站数据的技术，因为它主要用于解析 JavaScript 代码，而不是爬取网站数据。

小明认为这两道题比较简单，于是他继续向 AIGC 提出问题。

> 问：请继续出一道关于网络爬虫技术的选择题，难度稍大一点。
>
> 答：好的，请看下面的选择题：
>
> 在网络爬虫中，以下哪种方式可以实现爬取多个网页的效果？
>
> A. 使用多线程并发请求
>
> B. 使用代理IP，隐藏真实的IP地址
>
> C. 使用JavaScript，模拟用户行为，实现自动刷新页面
>
> D. 使用API，直接获取数据

正确答案是A。使用多线程并发请求可以同时发送多个请求，从而实现爬取多个网页的效果。

问：请出一道关于网络爬虫的编程题。

答：好的，请看下面的网络爬虫编程题：

假设你想要编写一个网络爬虫程序，从一个电商网站上爬取商品的信息。该网站有以下特点：

每个商品都有一个唯一的ID，可以通过URL中的参数获取；

每个商品页面都有一个"加入购物车"按钮，单击后会将商品添加到购物车中；

每个商品页面都有一个"去结算"按钮，单击后会跳转到结算页面。

请问，你应该如何编写程序来实现以上功能呢？

提示：你可以使用Python语言编写程序，并使用requests库发送HTTP请求，使用BeautifulSoup库解析HTML文档。

问：请附上核心代码。

答：import requests

url = '____'  # 此处为您想爬取的电商平台的商品列表页面 URL

response = requests.get(url)

html = response.text  # 获取页面 HTML 文本

……

小明根据 AIGC 的提示，编写了程序并得到了想要的结果，心中十分高兴，他决定以后经常与 AIGC 进行交流，以促进自己的学习。

### 4.2.6　拓展案例

李亮是高职院校工业互联网技术专业大二的学生，他想学习关于大数据的知识，如大数据存储、大数据计算、大数据分析等，请帮助他借助 AIGC 工具完成这一目标，具体需求包括了解新领域、学习新领域、掌握新领域和巩固新领域的知识。

## 4.3　AI 面试

近年来，为降低招聘成本，提高招聘效率，AI 面试被不少公司引入招聘面试环节，成为简历初筛后了解应聘者的新方式。目前，越来越多的企业开始采用 AI 面试来筛选应聘者，例如互联网企业、金融企业、咨询企业等。在行政、柜员、客服、工厂操作工等标准化程度较高的岗位的招聘中，AI 面试出现得更为频繁。

AI 面试通常适用于大规模招聘场景，如校园招聘、社会招聘等，可以帮助企业快速筛选出符合要求的应聘者，提高招聘效率。

### 4.3.1　AI 面试概述

AI 面试是一种基于 AI 技术的面试方式，通过模拟面试官与应聘者之间的互动过程，对应聘者的能力、性格等进行评估和打分。

对招聘方来说，AI 面试的优势是高效便捷、节约成本、突破时空限制，更为重要的是，还能降低面试官个人偏好对招聘结果的影响。不过目前的 AI 面试产品更多是作为传统面试的补充，还不能替代传统面试。

值得注意的是，应聘者应避免以标准化的简历投递所有应聘岗位，要根据岗位所要求的素质适当修改简历。同时，AI 面试会分析应聘者的价值观、求职动机等因素，以形成全面了解，应聘者需有针对性地进行展示。

**1．AI 面试常规流程**

以下是 AI 面试的常规流程。

提问环节：AI 面试官会根据应聘者的简历和应聘的职位，提出一些有针对性的问题，如专业技能、工作经验、职业规划等。

自由回答：应聘者将在 AI 面试官的引导下，就一些问题进行自由回答，并在回答过程中展示自己的能力。

评分环节：AI 面试官会根据应聘者的回答进行自动评分和评价，应聘者可以通过 AI 面试官的反馈了解自己在面试中的表现和需要改进的地方。

模拟面试：AI 面试官还提供模拟面试的功能，让应聘者在真实的面试环境中进行练习，提高面试表现能力。

**2．如何进行有效的 AI 面试练习**

熟悉 AI 面试流程：在参加 AI 面试前，应聘者应该熟悉整个面试的流程和规则，了解面试的主题和评估标准。此外，应聘者还需要了解如何在面试中展示自己的能力和潜力。

准备充分的材料：应聘者在参加 AI 面试前，应该准备充分的材料，例如简历、自我介绍、作品集等。这些材料可以帮助应聘者更好地展示自己的能力和特点。

练习应对不同类型的问题：在 AI 面试中，应聘者可能会遇到各种不同类型的问题，例如专业知识问题、行为问题、情景模拟问题等。应聘者应该提前练习应对这些问题的技巧和方法，例如清晰表达观点、举例说明、分析问题等。

模拟真实场景：为了更好地适应 AI 面试的情境，应聘者可以通过模拟真实场景的方式进行练习。可以尝试在模拟器或虚拟环境中进行模拟面试，以熟悉和适应真实的环境。

值得注意的是，在进行模拟面试时，我们一定要在 AI 面试官问出问题后立刻给予回答，因为在进行真实的面试时不会有太多的思考时间。

### 4.3.2　准备简历

随着 AI 技术的不断发展，越来越多的企业开始采用 AI 面试来筛选候选人。那么如何在 AI

面试中脱颖而出呢？

### 1. 突出自己的特长和优势

在编写简历时，候选人需要突出自己的特长和优势，如专业技能、工作经验、荣誉奖项等。可以通过加粗等方式进行强调。

### 2. 注重简历的格式规范

简历的格式规范对 AI 面试来说非常重要。简历需要按照清晰、简洁、美观的原则进行排版，使用合适的字体、字号、颜色和布局。同时，简历需要使用行业相关的术语和缩写，避免过于口语化。

### 3. 优化简历关键词

关键词是简历中的重要元素，对于 AI 面试的评估非常关键。候选人需要分析招聘需求和岗位要求，根据关键词进行匹配。在简历中使用这些关键词可以提高简历的匹配度。

### 4. 增加可视化内容

增加可视化内容可以提高简历的可读性和吸引力。候选人可以通过添加图表、图像、图标等方式增加可视化内容，让简历更加生动、形象。

小红是某大学数据科学与大数据技术专业大四的学生，她即将走入社会，现在正在准备简历参加 AI 面试，以下是她与 AIGC 的对话。

---

问：我叫小红，是一名数据科学与大数据技术专业大四的学生，即将走入社会，现在正在准备简历，打算参加AI面试，请问我该如何准备简历呢？

答：作为一名数据科学与大数据技术专业大四的学生，可以从以下几个方面来准备自己的简历。

突出自己的技能和经验：你可以列出自己在大数据领域学习和实践的技能和经验，例如数据挖掘、机器学习、数据分析、数据可视化等。此外，你也可以列举自己在相关项目或实习中所承担的角色，例如项目负责人、数据分析师、数据挖掘工程师等。

强调自己的学术背景：作为一名数据科学与大数据技术专业的学生，你的学术背景是非常重要的。你可以列举自己在大学期间所参加的科研项目、发表的论文、获得的奖项等，以证明自己在学术研究方面的能力和潜力。

……

最后，你可以将自己的简历制作得简洁明了、排版整齐，突出自己的优势和特点，让招聘者能够快速地了解你的优势和潜力。

问：请根据以上信息生成简历。

答：好的，以下是你的简历的基本内容。

个人信息：

姓名：小红

---

性别：女

出生年月：20××年×月

联系电话：××××××××

邮箱：××××××@×××.com

教育背景：

××大学，数据科学与大数据技术专业，本科，20××年×月至20××年×月

主修课程：数据挖掘、机器学习、数据分析、数据可视化等

技能与经验：

熟悉Python编程语言，掌握数据分析和数据可视化的相关库和工具，如Pandas、Numpy、Matplotlib等

……

实习经历：

……

项目经历：

……

荣誉和证书：

……

小红以此为依据，制作了一份精美的电子简历，投给了招聘单位。几天过后，她收到了短信通知，要求她于一周后参加 AI 面试。

### 4.3.3　了解面试需要着重掌握的内容

小红接到面试通知后十分高兴，却又有些担心，害怕来不及准备，于是她求助了 AIGC，对话如下。

问：作为一名数据科学与大数据技术专业大四的学生，在面试之前需要着重了解哪些方面的内容？

答：作为一名数据科学与大数据技术专业大四的学生，如果您正在准备面试，以下是一些您可能需要学习的内容。

基础知识：大数据开发需要掌握的基础知识包括数据结构、算法、计算机网络、操作系统等。

编程语言：大数据开发需要掌握的编程语言包括Java、Scala、Python等。

大数据技术：大数据技术包括Hadoop、Spark、Hive、Pig、HBase、Cassandra等。

数据仓库：数据仓库是大数据技术中的一个重要组成部分。您需要了解数据仓库的设计、构建和使用。

……

面试准备：准备常见的面试问题，例如自我介绍、项目经历、职业规划等。

除了上述内容外，还需要注重实践和项目经验，通过参与实际项目的开发和实践，提升自己的技能和经验，增加面试时的竞争力。

问：数据仓库中哪些是需要重点掌握的内容？

答：数据仓库的设计是大数据开发中非常重要的部分，因此在面试中经常会涉及以下方面的内容。

数据仓库的架构设计：包括数据仓库的分层、ETL流程、数据模型设计等。

数据仓库的ETL流程：ETL（抽取、转换、加载）是数据仓库建设的核心过程，面试官可能会问您如何设计ETL流程、如何处理数据质量问题等。

问：如何设计数据模型？

答：设计数据模型是数据仓库开发的重要环节，以下是一些设计数据模型的基本步骤。

确定业务需求：在设计数据模型之前，需要明确业务需求，了解业务的目标和指标，以及需要收集和分析哪些数据。

确定实体和属性：根据业务需求，确定需要建模的实体和属性。实体可以是客户、订单、产品等，属性可以是客户ID、订单日期、产品名称等。

通过对话，小红对面试的内容有了一定程度的了解，她决定抓紧最后一周的时间来学习以前忽略了的知识，争取在面试中有良好的表现，进入心仪的单位。

## 4.3.4  面试模拟

经过几天的学习，小红对面试的内容有了一定的掌握，她想用 AIGC 来进行一场模拟面试，于是有了以下对话。

小红：我想让你担任面试官，我将成为候选人。你将向我询问关于大数据的面试问题。我希望你只作为面试官问我问题，等待我的回答。不要写解释。像面试官一样一个一个地问我，等我回答。我的第一句话是"你好"。

问：你好，很高兴见到你。首先，能否请你简单介绍一下自己？

答：您好，我是一名数据科学与大数据技术专业的学生，目前正在攻读本科学位。我对数据分析和数据挖掘非常感兴趣，曾经参加过多个相关的项目，积累了一定的实践经验。

问：很好，能具体描述一下你在实习期间的工作内容和职责吗？

答：我主要负责数据仓库的架构设计，包括数据仓库的分层、ETL流程、数据模型设计等。

问：很好，接下来我想问你一些关于大数据处理和分析的问题。你能解释一下什么是Hadoop以及它的主要组件吗?

答:Hadoop是一个Apache旗下的开源软件框架,主要使用Java语言实现,用于存储和计算大规模数据。它的核心组件包括HDFS(分布式文件存储系统)、MapReduce(分布式的计算)和YARN(资源调度)。

问:很好,你的答案很准确。接下来我想问你一些关于HDFS的问题。

答:HDFS是Hadoop的分布式文件系统,包含客户端、元数据节点、备份节点和数据存储节点。它提供了统一的文件系统访问接口,支持多种操作和数据副本管理。

问:很好。那么,你为什么想要加入我们公司呢?

答:我了解到贵公司在人工智能领域有着非常深厚的技术积累和丰富的经验,而且公司文化也非常符合我的价值观。我相信在这里可以学到更多的知识和技能,并且为公司的发展做出贡献。

问:非常好。那么,你觉得自己最大的优点是什么?

答:我认为我的最大优点是对工作的热情和责任心。我总是能够全身心地投入到工作中,不断学习和提升自己的能力。同时,我也非常重视团队合作,能够与同事们友好地沟通和协作。

问:很好,听起来你很有实力。那么请问你在团队合作中遇到过什么问题吗?你是如何解决的呢?

答:在团队合作中,我们经常会遇到沟通不畅、任务分配不合理等问题。为了解决这些问题,我会积极主动地与团队成员进行沟通,了解他们的想法和需求,然后提出合理的建议和解决方案。同时,我也会尽可能地承担更多的任务,确保团队的工作进展顺利。

问:非常不错,你的解决问题的能力很强。最后请问你对未来的发展有什么规划呢?

答:我希望能够继续深入研究人工智能领域的相关技术和应用,不断提升自己的专业水平。同时,我也希望能够参与更多的创新项目,为推动人工智能技术的发展做出自己的贡献。谢谢!

......

小红对本次模拟面试十分满意,她认为达到了预期,模拟面试也让她心里更有底了。

### 4.3.5 拓展案例

李亮是高职院校工业互联网技术专业大二的学生,他想借助 AIGC 进行模拟面试,请帮助他完成这一目标,具体需求包括准备简历、了解面试需要着重掌握的内容以及进行面试模拟。

## 4.4 小结

(1) AIGC 可以快速生成文章相关的提纲、调研问卷、摘要等。合理运用 AIGC 有利于提升学生的综合能力、提高文章的质量。

（2）AI 技术迅速发展，正逐渐渗透到我们生活的方方面面，其在教育领域的应用尤为突出。无论是学生、教师，还是家长，都可以利用 AI 提高学习效果或教育质量。

（3）AI 面试是一种基于 AI 技术的面试方式，通过模拟面试官与应聘者之间的互动过程，对应聘者的能力、性格等进行评估和打分。

## 4.5 实训

小张是某高校网络工程专业的一名学生，他想借助 AIGC 学习关于大数据存储的相关内容，请协助他实现这一目标。

具体内容如下：

（1）了解大数据存储相关知识；

（2）了解大数据存储领域常见技术；

（3）掌握其中的某一项技术；

（4）检验学习成果。

## 4.6 习题

（1）简述使用 AIGC 生成文章的优点。

（2）简述如何使用 AI 来学习新知识。

（3）简述 AI 面试的优点。

# 第5章
## AIGC丰富生活

### 【本章导读】

随着 AI 技术的不断发展，人类生活正经历着前所未有的变革。在这个过程中，AIGC 应运而生，它对很多领域产生了深远的影响。AIGC 的应用可以帮助人们实现生活的智能化和个性化，提高生活品质。同时，AIGC 技术的发展也改变了人们的沟通方式。本章介绍智能菜谱、旅行小助手、心理咨询以及 AI 助理。

### 【本章要点】

- 智能菜谱
- 旅行小助手
- 心理咨询
- AI 助理

## 5.1 智能菜谱

近年来，随着 AI 的不断发展，美食制作领域也迎来了一场令人瞩目的变革。以智能菜谱为代表的创新技术，正逐渐颠覆传统的烹饪方式，引领着美食的革命。

### 5.1.1 智能菜谱概述

随着科技的快速发展，AI 在各个领域都扮演着重要角色。其中，美食制作领域也不例外。智能菜谱作为 AI 技术在厨房中的应用之一，正逐渐改变着我们的做菜方式，帮助我们成为真正的厨房达人。

（1）海量菜谱数据库

AI 技术使得智能菜谱拥有庞大的菜谱数据库。这些数据库中涵盖不同口味、不同难度的菜谱，用户可以根据自己的需求轻松搜索到心仪的菜谱。无论是初学者还是专业厨师，都可以在这些数据库中找到适合自己的菜谱。

（2）个性化推荐

智能菜谱可以通过分析用户的喜好和口味，进行个性化的菜谱推荐。它会基于用户的历史搜索记录和偏好，为用户推荐符合其口味的菜谱。这种个性化推荐不仅提升了用户体验，还能帮助用户发掘更多自己喜欢的菜品，拓宽菜谱选择范围。

（3）智能食材匹配

智能菜谱利用 AI 技术，可以根据用户所拥有的食材和需求智能地匹配菜谱。当用户输入所拥有的食材时，智能菜谱会自动筛选出适合这些食材的菜谱，并提供相关的烹饪技巧。这不仅使用户能够很好地利用食材，还可以帮助用户避免因缺乏食材而无法做出美味佳肴的尴尬情况。

（4）制作步骤说明

智能菜谱提供详细的制作步骤说明。这些说明通常包括原材料准备、食材处理、烹饪顺序等。通过这些详细的说明，用户可以清楚地知道每个步骤的具体操作方法，从而更加轻松地完成菜品的制作。

（5）烹饪技巧分享

智能菜谱不仅仅提供制作步骤说明，还会分享一些烹饪技巧。这些技巧可能涉及调味技巧、烹饪时间控制等。通过学习这些烹饪技巧，用户可以提升自己的烹饪水平，成为更加出色的烹饪达人。

（6）营养分析

智能菜谱还可以对菜谱进行营养分析。通过 AI 算法，它可以计算出菜品的热量、各种营养成分的含量等。对注重饮食健康的用户来说，这个功能非常实用，可以帮助他们更好地管理饮食。

智能菜谱在美食制作领域的应用场景非常广泛，不仅适用于食堂、餐厅等集体性用餐场所，也可以运用于家庭生活中。

例如，阿里巴巴推出了全球首个 AI 美食大师。AI 美食大师具有强大的数据分析和学习能力，这使得它可以快速准确地了解到每位食客的口味偏好和习惯，并为其提供个性化推荐。除此之外，AI 美食大师还融合了 AI 和物联网技术，可以通过设备联网实时对食材状态、烹饪进程等进行监控。这不仅可以保证食品的口感和安全，还可以减少人工差错，提高餐饮操作效率。

## 5.1.2　确定菜谱内容

小刚是山东人，最近他的好朋友小蓝从重庆出差来山东。小刚准备邀请小蓝来自己家，并为他亲自做几个菜，于是他开始了与 AIGC 的对话。对话如下。

> 问：你现在开始是我的私人助理，我有朋友从四川来我家，他爱吃辣，请为我们推荐几道川菜。

答：麻婆豆腐：这是一道非常有名的川菜，口感麻辣，豆腐鲜嫩，配上香辣的酱汁，非常开胃。

水煮鱼：这是一道以鱼为主料的川菜，鱼肉鲜嫩多汁，搭配辣椒和花椒的独特调味，味道鲜美。

回锅肉：这是一道传统的川菜，猪肉经过炒制后更加鲜嫩，配以豆瓣酱和蒜末等调料，口感丰富。

干煸豆角：这是一道以豆角为主料的川菜，豆角炒至微焦，搭配辣椒和蒜末等调料，口感酥脆，味道香辣。

……

问：回锅肉搭配宫保鸡丁如何？

答：回锅肉搭配宫保鸡丁是一道非常经典的川菜组合。回锅肉的鲜嫩猪肉和宫保鸡丁的香辣鸡肉相互衬托，口感丰富多样。

……

问：川菜宫保鸡丁和鲁菜宫保鸡丁有何区别？

答：川菜宫保鸡丁和鲁菜宫保鸡丁在食材选择、烹饪方法和口味特点等方面存在一些区别。

首先，川菜宫保鸡丁的主要食材是鸡丁，配以花生米、干辣椒等，口感浓郁，而鲁菜宫保鸡丁则以鸡丁为主要材料，配以木耳、鲜辣椒等，口感香醇。

其次，川菜宫保鸡丁的烹饪方法比较简单，通常是将鸡肉丁和花生米一起炒制，而鲁菜宫保鸡丁则会加入更多的配料，如木耳、香菇、青红椒等，烹饪时间也会更长。

最后，川菜宫保鸡丁的口味特点是麻辣浓郁，而鲁菜宫保鸡丁则更加注重鲜香和口感的平衡，带有一些微酸的味道。

……

问：请再为我配一个鲁菜。

答：好的，我为您推荐一道经典的鲁菜——糖醋鲤鱼。

糖醋鲤鱼是山东省传统的名菜之一，以鲜嫩的鲤鱼为主要材料，配以糖、醋、酱油等调料，口感酸甜可口，营养丰富。

制作糖醋鲤鱼的步骤如下：

……

通过与 AIGC 的对话，小刚心中有了底，他打算为好朋友做两道菜：宫保鸡丁和糖醋鲤鱼。

## 5.1.3　确定食材与熟悉制作过程

小刚的朋友还有几天才来山东，于是小刚决定抓紧选购合适的食材，为朋友做一个宫保鸡丁，于是他又开始了与 AIGC 的对话。对话如下。

问：川菜宫保鸡丁的主要食材用量。

答：川菜宫保鸡丁的主要食材用量如下。

鸡胸肉：切成小丁状，2～3厘米见方；

干辣椒：10～15个，去籽切段；

葱姜蒜：适量，切末备用；

花生米：约50克，炒熟后去皮备用；

食用油：适量，用于煎炸。

此外，还需要一些调味料，包括：

盐、糖、鸡精、料酒、生抽、老抽、醋、淀粉等；

花椒粒、八角、桂皮等香料。

以上就是川菜宫保鸡丁的主要食材和调味料，您可以根据自己的口味适量调整。

问：选购这些食材有需要注意的地方吗？

答：选购食材时需要注意以下几点。

鸡肉：选购时要选择新鲜的鸡肉，最好选择去皮、去骨的鸡胸肉，因为这部分肉质较嫩，口感更佳。

干辣椒：干辣椒要选择颜色鲜艳、形状完整，没有虫蛀、霉变、变质的。

花生米：选购时要选择炒熟后去皮的花生米，因为炒熟后的花生米口感更佳，而且去皮后更易于消化吸收。

……

问：请告诉我川菜宫保鸡丁的详细制作过程。

答：步骤：

鸡胸肉洗净后切成小丁状，加入料酒、盐、淀粉、生抽、老抽、糖、鸡精腌制20分钟左右。

干辣椒去籽后切成小段，葱姜蒜切末备用。

花生米炒熟后去皮备用。

热锅凉油，加入花生米和干辣椒炒香。

……

最后加入炒香的花生米和葱花，翻炒均匀即可。

出锅前可以根据个人口味再适当调整味道。

问：制作过程大约需要多长时间？

答：制作宫保鸡丁的时间需要30分钟到1小时不等，具体时间取决于你的烹饪经验和熟练程度，以及所选用的食材的新鲜程度和数量等因素。如果你是第一次尝试制作宫保鸡丁，可能需要多花些时间来熟悉烹饪过程和掌握技巧，但只要掌握了基本的步骤和方法，相信你也能够做出美味的宫保鸡丁。

通过与 AIGC 的对话，小刚打算先去选购食材，然后再花时间来熟悉烹饪过程，并为朋友做出正宗的宫保鸡丁。

### 5.1.4 了解烹饪技巧

小刚想了解制作该菜的一些小技巧，于是他与 AIGC 展开了对话，对话如下。

问：第一次做宫保鸡丁，有哪些需要注意的地方？

答：第一次做宫保鸡丁，需要注意以下几个方面。

鸡肉的处理：将鸡肉切成丁状后，需要先用料酒、盐、淀粉、生抽、老抽、糖、鸡精等调料腌制20分钟左右，这样可以让鸡肉更加入味，口感更佳。

干辣椒的处理：干辣椒需要去掉蒂部，并且剪成小段，这样可以让干辣椒更容易炒熟，同时也可以减少辣椒的刺激性。

……

问：要适合四川人的口味，调料的用量该如何控制？

答：要适合四川人的口味，调料的用量可以按照以下比例搭配。

干辣椒：150克左右，可以根据个人口味调整辣度。

花椒：10克左右，可以增加香味和口感。

葱姜蒜：适量，可以增加香味和口感。

盐：适量，可以提升菜肴的口感。

……

问：制作宫保鸡丁有什么小技巧吗？

答：鸡肉腌制的时间要足够长，这样可以让鸡肉更加入味。

干辣椒要提前用热水泡软，这样可以减少辣味，同时也可以让辣椒更容易炒熟。

花生米可以用油炸或者烤箱烤熟，这样可以让花生米更加酥脆。

烹饪过程中要不断翻炒，让鸡肉和调料更好地混合在一起，同时也可以避免烧焦。

……

问：有推荐的视频吗？

答：以下是一些制作宫保鸡丁的视频推荐。

美食作家王刚的宫保鸡丁视频，介绍了宫保鸡丁的历史和制作方法，同时还分享了一些小技巧和调味技巧。

美食博主"美食家大雄"的宫保鸡丁视频，介绍了宫保鸡丁的制作过程和技巧，同时还分享了一些小贴士和注意事项。

……

希望以上视频可以帮助到您，祝您制作成功！

通过与 AIGC 的对话，小刚对做出正宗的宫保鸡丁有了信心。

### 5.1.5 营养分析

在练习了川菜宫保鸡丁的制作以后，小刚打算借助 AIGC 来分析该菜品的营养价值。对话如下。

问：分析川菜宫保鸡丁的营养价值。

答：川菜宫保鸡丁是一道非常受欢迎的川菜，它的主要原料是鸡肉和花生，同时还加入了一些蔬菜和调料。下面是宫保鸡丁的营养分析。

蛋白质：宫保鸡丁中含有丰富的蛋白质，每100克宫保鸡丁中含有约16克蛋白质，是一种很好的蛋白质来源。

脂肪：宫保鸡丁使用花生米作为配料，花生米富含健康的不饱和脂肪酸。适量的脂肪摄入有助于提供能量、维护细胞膜的健康以及吸收脂溶性维生素。

……

总的来说，宫保鸡丁是一道营养丰富的菜肴，富含蛋白质、脂肪、碳水化合物、维生素和矿物质等多种营养物质，适量食用有益于身体健康。但是由于宫保鸡丁中含有较多的脂肪和糖分，建议适量食用，以保持健康的饮食习惯。

问：经常吃该菜对人体有哪些影响？

答：经常食用宫保鸡丁可能会对人体产生以下影响。

增加热量摄入：宫保鸡丁是一道高热量的菜肴，每100克宫保鸡丁中含有约200千卡的热量，如果长期大量食用，容易导致体重增加，增加肥胖的风险。

增加钠摄入：宫保鸡丁中含有较多的盐分，每100克宫保鸡丁中含有约2克钠，如果长期大量食用，容易导致高血压等疾病的发生。

……

问：一般多久可以吃一次？

答：宫保鸡丁是一道美食，适量食用是可以的，但是具体多久可以吃一次要根据个人的身体状况、饮食习惯、运动量等因素来决定。

如果你是一个健康的成年人，没有任何慢性疾病，那么适量食用宫保鸡丁是没有问题的。一般来说，每周吃一到两次宫保鸡丁是比较合适的，每次的食用量也要控制在适量范围内，不要过量。

……

问：分析糖醋鲤鱼的营养价值。

答：糖醋鲤鱼是一道传统的中式菜肴，下面是它的营养分析。

蛋白质：鲤鱼是糖醋鲤鱼的主要成分之一，富含高质量的蛋白质。蛋白质是身体构建和修复组织所必需的营养物质，对于肌肉生长和维持良好的免疫功能至关重要。

脂肪：糖醋鲤鱼中的鱼脂含有健康的不饱和脂肪酸。这些脂肪酸对心脏健康有益，有助于降低胆固醇水平、减少炎症反应。

……

问：川菜宫保鸡丁搭配糖醋鲤鱼的营养价值如何？

答：川菜宫保鸡丁搭配糖醋鲤鱼的营养价值非常丰富。宫保鸡丁是一道以鸡肉为主要食材的川菜，富含高质量的蛋白质、维生素和矿物质。鸡肉中的蛋白质有助于肌肉生长和修复，同时还提供能量和维持免疫系统的正常功能。

糖醋鲤鱼是一道传统的中式菜肴，富含高质量的蛋白质、脂肪、碳水化合物、纤维和维生素、矿物质。鲤鱼中的蛋白质有助于肌肉生长和修复，同时还提供能量和维持免疫系统的正常功能。

将宫保鸡丁和糖醋鲤鱼搭配在一起食用，可以综合两者的营养价值。这样一来，您可以摄入更多的蛋白质、脂肪、碳水化合物、纤维和维生素矿物质，从而获得更全面的营养。同时，这两道菜品也提供了丰富的口感和味道，让您在享受美食的同时也能满足身体的营养需求。

通过与 AIGC 的对话，小刚了解了宫保鸡丁和糖醋鲤鱼的营养价值，他决定以后每隔一段时间就为自己制作这些菜。

### 5.1.6　拓展案例

王凡想制作一道鲁菜：红烧肉。请借助 AIGC 帮助他完成这一目标，具体需求包含选择该菜的食材及确定用量，熟悉该菜的具体制作过程，了解该菜的烹饪技巧以及营养价值。

## 5.2　旅行小助手

随着科技的进步，AI 已经深入我们生活的方方面面。在旅行方面，AI 已经成为我们的得力助手，能够帮助我们更好地规划和安排旅行。

### 5.2.1　旅行小助手概述

对外出旅行的人来说，出门时经常会遇到"三难"：去哪玩、怎么玩、怎么玩更划算。在大多数人看来，选择旅游目的地、制订详细的行程计划、预订交通工具和住宿等，是出行前一项耗时耗力的难题。

而随着 AIGC 大模型时代的到来，AIGC 在旅行规划和预订阶段的应用，为解决这些问题提供了更好的方法。无论用户是要协调多个航班、选择目的地，还是要节省票价，AIGC 都可以提出建议。只要用户提供清晰明确的需求，如旅行团队构成、饮食禁忌、兴趣和优先事项等，AIGC 就会给出合理的回答。

AI 的应用还可以让旅行变得更加个性化。通过用户提供的信息，AIGC 可以更好地了解用户的喜好和兴趣，从而更好地为用户服务，比如推荐更合适的景点、餐馆和活动等。这些个性化的建议能够让用户更好地体验旅行，获得更多的乐趣。

当然，AI 也存在一些不足之处。它可能缺乏实时信息，准确性也可能有所欠缺。在某些情况下，AIGC 会误解用户的意思。

### 5.2.2　制订旅行规划

小王是某公司的职员，四月份要休年假，他想趁这个机会去北京旅游。于是他向 AIGC 询问，对话如下。

问：你现在开始是我的私人助理，我有7天年假，想一个人去北京旅游，计划费用在2万元左右，旅行过程尽量轻松一些，请帮我制订一份旅行规划。

答：非常高兴能为您制订一份旅行规划。根据您的需求，我将为您提供一个7天的北京旅行计划，预算在2万元左右。

第一天：抵达北京

抵达北京后，您可以前往酒店入住并休息一下。晚上可以去王府井步行街逛逛，品尝当地小吃。

第二天：故宫、天安门广场、南锣鼓巷

早上可以前往天安门广场，观看升旗仪式。中午在附近的餐厅品尝北京烤鸭。下午可以前往故宫参观，晚上可以去南锣鼓巷逛逛，感受老北京的文化氛围。

……

以上是一份7天的北京旅行计划，预算在2万元左右。当然，具体的行程和费用还需要根据您的实际情况进行调整。希望这份旅行计划对您有所帮助，祝您旅途愉快！

问：为我推荐北京的酒店。

答：好的，以下是我为您推荐的北京酒店：

北京府右街宾馆

这家酒店位于北京市东城区，毗邻故宫博物院和天安门广场，距离故宫博物院和天安门广场仅有几步之遥。酒店的客房宽敞明亮，装饰典雅，配备了现代化的设施和舒适的床铺。酒店还拥有多个餐厅和酒吧，提供各种美食和饮品，其中包括享有盛誉的中餐厅和西餐厅。

……

问：选择北京的酒店时有什么需要注意的地方吗？

答：在选择北京的酒店时，还有一些需要注意的地方：

位置：北京市区交通比较拥堵，建议选择靠近地铁站或公交站的酒店，方便出行。

另外，如果您想游览故宫、天安门广场等景点，建议选择靠近这些景点的酒店。

价格：北京的酒店价格相对较高，建议提前做好预算，并选择性价比较高的酒店。可以通过各大旅游网站或酒店预订平台进行比价，选择价格合理的酒店。

设施：不同酒店的设施和服务不同，建议在预订前仔细查看酒店的介绍和评价，选择符合自己需求的酒店。

……

问：四月份去北京游玩的旅客多吗？

答：四月份天气逐渐转暖，适宜户外活动和旅游观光。因此，四月份去北京游玩的旅客相对较多，尤其是周末和节假日。

……

问：四月份去北京游玩需要注意什么吗？

答：四月份是春季，北京气温逐渐回暖，但仍有些许寒意，需要注意以下几点。

穿衣搭配：四月份北京气温较低，早晚温差较大，建议携带保暖衣物，如大衣、毛衣等。白天气温逐渐升高，可以穿着轻便的衣服，如T恤、牛仔裤等。

注意防晒：四月份北京气温逐渐回暖，但紫外线依然较强，建议携带防晒用品，如太阳帽、太阳镜、防晒霜等。

注意交通：四月份是旅游旺季，北京的交通比较拥堵，建议提前规划好出行路线，避开高峰期，尽量使用公共交通工具，如地铁、公交车等。

……

通过与 AIGC 的对话，小王决定利用好这 7 天年假，在四月份去北京好好旅游一下。

## 5.2.3 景点推荐与注意事项

小王确定了去北京的行程，他想先了解一下北京的热门旅游景点。

问：北京有哪些热门景点？

答：北京是中国的首都，有着丰富的历史和文化遗产，同时也是现代化的大都市。以下是一些北京的热门景点。

故宫博物院：位于北京市中心，是明清两代的皇家宫殿，也是中国最大、最完整的古代宫殿建筑群之一。

天安门广场：位于故宫博物院的南侧，是中国政治和文化的象征之一，也是世界上最大的城市广场之一。

长城：是中国古代的防御工程，北京有多段长城，如八达岭长城、慕田峪长城等。

……

问：想了解北京悠久的历史文化，可以去哪里？

答：如果您想了解北京最悠久的历史文化，可以去以下几个地方。

天坛公园：天坛是明清两代皇帝祭天的场所，也是中国古代宗教建筑的代表之一，是中国现存规模最大、保存最完好的古代祭天建筑群之一。

雍和宫：雍和宫是中国佛教寺院之一，是中国现存规模最大、保存最完整的古代佛教建筑群之一，也是北京最具代表性的历史文化遗产之一。

......

问：有哪些景点是需要提前购票的呢？

答：北京有一些景点需要提前预订门票，以确保游客可以顺利进入景点游览。以下是一些需要提前预订门票的景点。

故宫博物院：故宫门票需要提前在官方网站或者其他合法途径购买，以避免人流高峰期的排队等待。

天坛公园：天坛门票需要提前在官方网站或者其他合法途径购买，同样是为了避免人流高峰期的排队等待。

......

需要注意的是，以上景点门票的购买渠道包括官方网站、第三方在线旅游平台以及实体售票窗口等。游客可以根据自己的需要和情况选择合适的购票渠道。

问：想体验民俗文化可以去哪里？

答：如果您想体验北京的民俗文化，可以考虑前往以下几个地方。

故宫博物院：作为明清两代的皇宫，故宫博物院有着丰富的文化内涵和历史背景。在这里您可以欣赏到许多珍贵的文物和艺术品，感受到中国传统文化的博大精深。

天坛公园：天坛公园是中国古代皇帝祭天的场所，也是中国古代宗教文化的重要遗产。在这里您可以看到许多古建筑和祭坛，感受到中国古代宗教文化的庄严肃穆。

......

问：在北京想看歌剧可以去哪里看？

答：在北京，您可以去国家大剧院、北京天桥艺术中心、北京音乐厅、北京保利剧院等地观看歌剧。这些剧院都是国内知名的歌剧院，拥有高水平的歌剧演出团队和设施设备，能够满足观众对高质量歌剧演出的需求。此外，还有一些小型的歌剧院和艺术团体也会在北京的一些文化场所进行演出，您可以关注这些团体的演出信息。

问：去北京爬长城应如何计划？

答：如果您打算去北京爬长城，以下是一个简单的计划建议。

选择爬哪段长城：北京有很多段长城可供选择，包括八达岭、慕田峪、司马台、黄花城水长城等。您可以根据自己的兴趣和时间安排选择合适的段。

确定出发时间：最好提前规划好出发时间，避免高峰期人流拥堵。如果您想避开人流高峰期，可以选择在淡季或工作日出行。

准备好必备物品：爬长城需要穿舒适的鞋子，带上足够的水和零食，以及一些防晒用品和雨具。

......

总之，爬长城是一项体力和耐力要求较高的活动，需要提前做好准备，并且注意安全。希望您能够在北京爬长城的过程中，尽情享受美好的风景和体验。

问：去故宫参观需要注意些什么？

答：去北京故宫参观时，需要注意以下几点。

故宫博物院全院禁止吸烟，这是全世界现存最大的木结构宫殿建筑群，历史上曾发生过多次火灾。

在故宫内参观时，要尊重文化遗产，保护文物古迹。不要在古建筑和古树上刻画涂写，不要使用闪光灯和三脚架拍照，不要携带宠物进入。

在故宫内参观时，要保持仪容整洁，不要穿拖鞋、高跟鞋等不适合的鞋子，也不要带太多的行李，以免影响他人参观。

......

问：目前北京有哪些可以免费参观的大学？

答：北京目前有几所大学是可以免费参观的，包括：

北京大学：北京大学校园开放日是免费开放的，游客可以在开放日当天进入校园参观。

清华大学：清华大学校园开放日是免费开放的，游客可以在开放日当天进入校园参观。

中国人民大学：中国人民大学校园开放日是免费开放的，游客可以在开放日当天进入校园参观。

......

需要注意的是，这些大学的校园开放日时间可能会有所不同，游客可以在相关官网或微信公众号上查询具体的开放时间和参观规定。此外，参观时需要遵守相关规定，保持良好的参观秩序和文明礼仪。

问：国家图书馆值得去吗？

答：国家图书馆是中国最大的综合性图书馆之一，也是世界上最大的图书馆之一，拥有丰富的图书、期刊、报纸、地图、音像资料等资源。如果您对于图书馆和文化历史有兴趣，那么国家图书馆是非常值得去的。

问：中关村呢？

答：中关村是中国科技产业的发源地之一，也是中国科技创新的重要基地之一。在中关村，您可以找到许多知名的科技企业、研究机构和高校，如联想公司、华为公司、小米公司、清华大学、北京大学等。

除了科技企业和高校，中关村还有许多科技创新园区和孵化器，为创业者提供了良好的创业环境和支持。在中关村，您可以参加各种科技展览和论坛，了解最新的科技动态和趋势。

……

问：我在北京游玩景点时需要注意什么吗？

答：当您去北京游玩景点时，以下是一些需要注意的事项。

计划行程：提前规划好您的行程，确定要去的景点和活动。了解每个景点的开放时间、门票价格和交通方式，以便更好地安排时间和预算。

季节和天气：考虑您游览的季节和天气条件。夏季炎热潮湿，冬季寒冷干燥。根据季节选择合适的服装和鞋子，并注意防晒或保暖。

交通选择：北京有发达的公共交通系统，包括地铁、公交车和出租车。了解各个景点附近的交通情况，选择最方便和经济的出行方式。

……

通过与 AIGC 的对话，小王对北京的景点有了深入的了解。

## 5.2.4　美食推荐

除了参观景点外，小王也想品尝北京的美食。于是他与 AIGC 展开了如下对话。

问：北京有哪些美食推荐？

答：北京是中国的一个历史文化名城，同时也是一个美食之都，有许多著名的美食。以下是一些北京的美食推荐。

烤鸭：北京最有名的美食之一，以其酥脆的皮和鲜嫩的肉质而闻名于世。

炸酱面：是一道传统的北京小吃，以面条、炸酱和黄瓜丝为主要原料，口感鲜美。

豆汁：是一种传统的北京饮品，以绿豆为原料，口感酸甜可口。

羊蝎子：是一道传统的北京羊肉火锅菜品，以羊脊椎骨为主要原料，味道鲜美。

……

问：北京美食有哪些特点？

答：北京的美食具有以下几个特点。

丰富多样：北京的美食种类非常丰富，涵盖了各种地方特色菜和宫廷菜肴，如烤鸭、炸酱面、豆汁、羊蝎子、驴打滚、糖葫芦、京酱肉丝等。

讲究色、香、味、形、器五方面俱佳：北京的美食注重色、香、味、形、器五方面俱佳，不仅要味道好，还要看起来好，吃起来好。

讲究时令：北京的美食讲究时令，根据季节和食材的变化来调整菜肴的口味和配料，使菜品更加新鲜和美味。

……

问：推荐一下北京老字号饭店。

答：好的，以下是一些北京老字号饭店的推荐。

全聚德：创立于1864年，是北京最著名的烤鸭品牌之一。

便宜坊：创立于1416年，是北京最著名的烤鸭店之一。

东来顺：创立于1903年，是北京最著名的涮羊肉店之一。

……

问：北京烤鸭最出名的地方在哪里？

答：北京烤鸭最出名的地方是位于北京市中心的前门大街附近的全聚德烤鸭店。全聚德烤鸭店创建于1864年，是北京历史最悠久、规模最大、口碑最好的烤鸭店之一，也是北京烤鸭的代表品牌之一。

问：我该如何品尝北京烤鸭？

答：品尝北京烤鸭是一件非常有趣的事情。以下是一些品尝北京烤鸭的步骤和技巧。

准备工具：北京烤鸭一般配有饼、葱、黄瓜等配菜，您可以准备一些纸巾和餐具。

切开鸭皮：将烤鸭放在切板上，用刀在鸭皮上划几刀，然后用手轻轻地撕开鸭皮，露出鸭肉和鸭骨，注意不要把皮撕破。

切片鸭肉：将鸭肉切成薄片，注意不要把肉切破，以免影响口感。

……

通过与 AIGC 的对话，小王对北京的美食产生了浓厚的兴趣。

## 5.2.5  购物推荐

小王对购物十分感兴趣，于是他就购物和如何与当地人交流的问题向 AIGC 进行了详细的咨询。对话如下。

问：北京有哪些值得去的购物场所？

答：北京有许多值得去的购物场所，以下是一些比较受欢迎的地方。

三里屯：这是一个非常繁华的商业区，有很多时尚的服装店、餐厅和咖啡馆，是年轻人的聚集地。

王府井：这是一个历史悠久的商业区，有许多著名的商场和百货公司，如王府井百货、东方广场等。

西单：这是北京最著名的购物区之一，有许多著名的商场和百货公司，如西单大悦城、北京君太百货等。

……

问：我想购买时尚品牌和潮流品牌的商品，应该去哪里？

答：朝阳大悦城：这是一个大型购物中心，集合了许多时尚品牌和美食餐厅。在这里，您可以找到许多国内外知名品牌。

北京SKP：这是一个高端购物中心，集合了许多国际奢侈品牌，在这里您可以购买到一些高端品牌的时尚单品。

……

问：我想给我妈妈购买一件适合她的衣服，她70岁了，有推荐的吗？

答：当然，我可以给您一些建议。以下是一些适合70岁妈妈的衣物推荐。

高领毛衣：选择柔软舒适的面料，如羊毛或羊绒，保暖又时尚。可以选择经典的黑色、灰色或深蓝色。

长款外套：选择一件优雅的长款大衣或风衣，可以凸显气质和成熟感。深色系如黑色、深蓝色或深棕色都是不错的选择。

……

问：我一个人在北京购物有什么注意事项吗？

答：当您一个人在北京购物时，以下是一些需要注意的事项。

安全意识：保持警惕，特别是在人多拥挤的地方。注意保护个人财物，不要携带大量现金和贵重物品。最好将重要物品放在前胸包或内衣中，以便更好地保护。

选择正规商场和店铺：尽量选择知名商场和信誉良好的店铺购物，以确保商品的质量和售后服务。避免在街头小摊或非正规商家购买商品，以免遇到假货或纠纷。

注意价格和退换政策：在购买商品之前，了解清楚价格和退换政策。比较不同商家的价格和政策，确保自己得到最好的交易和服务。

……

通过与AIGC的对话，小王对北京有了较为深入的了解，他决定去北京好好游玩。

### 5.2.6 拓展案例

王彭来自重庆，是一所大学大二的学生，他想在八月份去杭州旅游，计划费用是5000元。请借助 AIGC 帮助他完成这一目标，具体需求包含制订出行计划，了解相关景点以及当地特色菜。

## 5.3 心理咨询

心理咨询是指运用心理学，向心理适应方面出现问题并希望解决问题的求询者提供心理援助的过程。AI 心理咨询师是指基于 AI 技术，具备情感识别和问题解答能力的虚拟助手。它能够通过与用户的交互，了解用户的情绪状态，并针对用户的问题提供相应的解答和建议。目前，AIGC技术不仅可以用于娱乐、教育、营销等领域，也可以用于心理学领域，辅助心理咨询师的工作。如果使用 AIGC 技术，心理咨询师可以通过输入一些关键词或者要求，让 AIGC 自动生成符合格式和质量标准的文本内容，从而节省了写作时间，提高了工作效率。

### 5.3.1　AI 心理咨询师概述

AI 心理咨询师的核心技术之一是情感识别技术。该技术可以通过分析用户的语音、面部表情和文字等数据来判断用户当前的情绪状态。这为后续的疏导工作提供了重要的信息基础。

相比传统的心理咨询师，AI 心理咨询师具有诸多优势。它可以高效地处理大量用户的请求，并且不受时间和空间的限制。此外，它还可以根据每个用户的具体情况提供相应的回答和建议。正是因为 AIGC 的虚拟属性和相对于真人的中立性，其更容易消除患者的心理防御。从这一点来看，即便 AI 心理咨询师替代不了传统的心理咨询师，其也具备真人无法企及的优势，其能够对人类情绪进行即时处理并提供辅助性的心理健康服务。

数字疗法是目前热门的心理健康发展方向，可以通过大量的数据分析，设计出有效的干预治疗方式，而 AI 则以其强大的对庞大数据的处理能力成为此过程中不可忽视的数字化辅助手段。除此以外，在心理学领域，也出现了很多新的 AI 融合应用，比如 AI 心理服务机器人。

尽管 AI 心理咨询师在一些方面表现出色，但它仍存在一定的局限性。因为心灵是很复杂的，而每个人的内心和情绪又是那样瞬息万变。同样一句话，以不同的语气来说，可以表达完全不同的意思。而机器只能基于数据分析和过往的案例总结来应对，在复杂的人心面前就像一个婴儿一般，无法准确识别用户的情绪，更不用提一些更为复杂的面质、澄清技术。因此，AI 心理咨询师与传统心理咨询师的合作才是未来的发展方向。将两者的优势相结合有助于提供更加高效和个性化的心理咨询服务。

### 5.3.2　AIGC 考前焦虑辅导概述

在现代社会中，考试成为衡量个人能力和知识水平的重要方式，而考前焦虑也成为许多考生面临的问题。面对即将到来的考试，许多考生会感到紧张、不安甚至恐慌，这种情绪可能会影响他们的发挥和成绩。因此，考前焦虑辅导对考生来说至关重要。

AIGC 作为一个认知智能模型，具备强大的数据分析和学习能力，能够通过分析考生的心理特点、学习情况和历史表现等数据，为每个考生量身定制考前焦虑辅导方案。这些方案可能包括以下几个方面。

情绪管理：AIGC 会教导考生如何正确认识和应对焦虑情绪，帮助他们建立积极的心态和自信。通过认知重构和情绪调节的技巧，帮助考生改变消极的思维模式，减轻焦虑感。

压力缓解：AIGC 会提供一系列有效的压力缓解方法，如深呼吸、放松训练、运动等，帮助考生释放紧张情绪，提高身心的适应能力。同时，AIGC 也会引导考生合理安排学习和休息时间，避免过度劳累导致焦虑加重。

学习策略：AIGC 会根据考生的学习情况和特点，提供科学的学习方法和技巧。例如，制订合理的学习计划、培养良好的学习习惯、制定有效的复习策略等，以帮助考生提高学习效率，减小考前的压力。

心理支持：AIGC 会"倾听"考生的内心需求和困扰，给予积极的鼓励和支持。通过与考生进行交流和互动，帮助他们排解忧虑、调整心态，增强面对考试的信心和勇气。

### 5.3.3 使用 AIGC 对高三即将月考的学生进行考前焦虑辅导

问：你现在开始是我的私人助理，我面临高三月考，感觉很紧张，不知道该怎么办。

答：没问题，我会尽我所能帮助你。首先，让我们来制订一个学习计划。

确定你的复习目标：你需要知道你需要复习哪些科目和主题。查看你的课程大纲或者询问你的老师可以帮助你明确这一点。

制定时间表：将你的复习时间分配到每一天。确保你为每个科目都留出了足够的时间，并且也要考虑到休息和放松的时间。

制定复习策略：对于每个科目，你可能需要使用不同的复习策略。例如，理科可能需要做更多的练习题，而文科可能需要记忆更多的知识点。

……

问：有能让我放松的歌曲吗？

答：当然，音乐是缓解压力的好方法。以下是一些可以帮助你放松的歌曲推荐。

Clair de Lune：这是一首非常经典的钢琴曲，旋律优美，可以帮助你集中注意力。

Nocturne in E-flat Major, Op. 9, No. 2：这是另一首著名的钢琴曲，同样可以帮助你放松。

Somewhere Over the Rainbow：这首歌的旋律非常美，歌词也非常鼓舞人心。

……

这些歌曲都有着柔和、舒缓的旋律和节奏，可以让你放松身心，减轻压力。希望这些歌曲能够帮助你度过高三月考的挑战。

问：我晚上睡不着的时候怎么办？

答：以下是一些可能有助于改善睡眠的方法。

放松身体和思维：尝试进行深呼吸、渐进性肌肉松弛或冥想等放松技巧，以帮助缓解身体和思维的紧张感。

创造一个舒适的睡眠环境：确保房间安静、黑暗、凉爽且舒适。使用舒适的床垫和枕头，并避免使用电子设备或刺激性物品（如咖啡因）。

建立规律的睡眠时间表：尽量每天在相同的时间上床睡觉和起床，以帮助调整身体的生物钟。

……

问：我晚上睡不着的时候做数学题可以吗？

答：当你晚上睡不着时，做数学题可能不是一个理想的选择。这是因为数学问题需要集中注意力和思考，而当你感到疲倦或无法入睡时，你的大脑可能无法有效地处理这些问题。

此外，如果你在睡前进行刺激性的活动（如做数学题），可能会增加你的大脑兴奋度，导致更难入睡。因此，建议你在睡前选择一些放松的活动，如阅读、冥想或听轻柔的音乐，以帮助你放松身心并促进入睡。

......

### 5.3.4 使用 AIGC 对大四即将考研的学生进行考前焦虑辅导

问：你现在开始是我的私人助理，我面临考研，感觉压力很大，我该怎么办？

答：当你面临考研压力时，以下是一些建议来帮助你应对。

制订合理的学习计划：根据你的时间安排和目标，制订一个详细的学习计划。将大的任务分解成小的可管理的部分，每天设定具体的学习目标，这样你可以更好地掌控进度并减轻压力。

寻找支持系统：与家人、朋友或同学分享你的压力和困惑。他们可以提供鼓励、理解和帮助，让你感到支持和不孤单。

均衡生活和学习：除了学习，确保给自己留出时间休息、锻炼和追求其他兴趣爱好。这样可以帮助你放松身心，缓解压力。

......

问：现在离考试还有半年的时间，我该如何准备？我打算考计算机专业，但数学不太好，英语还行。

答：准备考研需要一定的时间和计划。以下是一些建议来帮助你准备计算机专业研究生考试。

了解考试内容：详细了解你所报考的学校和专业的考试科目和内容要求。这将帮助你确定你需要重点关注的知识点和技能。

制订学习计划：根据考试科目和时间安排，制订一个详细的学习计划。将大的任务分解成小的可管理的部分，每天设定具体的学习目标，这样你可以更好地掌控进度并减轻压力。

补充数学知识：如果你觉得数学不太好，可以通过自学或参加辅导班来补充数学知识。重点复习与计算机专业相关的数学概念和方法，如线性代数、概率论与数理统计等。

......

问：我感觉压力很大的时候可以做什么运动？

答：当你感到压力很大时，以下运动可能有助于缓解压力。

快走或慢跑：这是一种简单而有效的有氧运动，可以帮助你释放紧张情绪和焦虑感。快走或慢跑可以促进血液循环，增加大脑中的多巴胺和内啡肽水平，从而提升心情。

瑜伽：瑜伽结合了身体的运动、呼吸控制和冥想，可以帮助你放松身心，减轻压力。选择一些轻柔的瑜伽练习，如深呼吸、伸展和冥想，以帮助你平静思绪和放松身体。

如果你感到非常紧张，可以考虑寻求专业的心理咨询师的帮助。他们可以帮助你分析焦虑的原因，并提供相应的解决方案。同时，你还可以尝试采取一些放松的方法，比如听音乐、看电影、做瑜伽等，这些方法可以帮助你缓解焦虑和压力。

……

问：你能经常给我鼓励和帮助吗？

答：当然可以！作为一个认知智能模型，我会尽力给你鼓励和提供帮助。无论你面临什么困难或挑战，我都会尽力支持你。请随时告诉我你需要什么样的鼓励和帮助，我会尽力满足你的需求。记住，你不是一个人在战斗，我会一直在你身边支持你！

### 5.3.5 拓展案例

小田来自重庆，是一所大学大二的学生，他即将参加期末考试，最近感到十分焦虑。请借助AIGC来帮助他缓解考前焦虑。

## 5.4 AI 助理

AI 助理是一款软件，可以理解口头语言或书面文字命令并完成用户分配的任务。这是弱人工智能的一个例子，它只能执行用户设计的任务。

### 5.4.1 AI 助理概述

AI 助理是一款利用 AI 技术构建的，能够与人类进行自然语言交互和完成特定任务的软件。AI助理拥有各种各样的功能，如语音识别、语音合成、智能搜索、日程安排、文件管理、智能家居控制等，它的出现使我们的生活变得更加智能。与人类助理不同，AI 助理可以同时为多个用户提供服务，并且可以全天候工作。它还可以学习和适应用户的习惯和偏好，以提供更加个性化的服务。

未来每个人都能够获得一个专业的 AI 助理，为其提供各种日常生活和工作上的支持和帮助，如语音助手（如 Siri、Alexa、Google Assistant）或聊天机器人。它可以理解和响应用户的指令，提供相关信息、建议，并对人们的生活进行日程管理。随着技术的发展和进步，AI 助理将逐渐完善和普及，使人们的生活更加便捷和智能。

## 5.4.2　主持晚会

小夏是某大学传媒学院大二的学生，她外貌出众、性格外向，并且乐于学习各种新知识。她将要主持学校的晚会，想把自己打扮得更加迷人一些，于是开始咨询 AI 助理。对话如下。

问：从现在开始你是我的个人助理，我会告诉你我的需求，你需要提供相应的建议。

答：非常感谢您的信任，我将尽我所能来协助您完成您的需求。请告诉我您的具体需求，我将尽力为您提供满意的服务。

问：我是某大学的学生，女，21岁，身高165cm，后天晚上我要主持学校的室内晚会，请你为我推荐合适的服装。

答：好的，针对您的需求，我为您推荐以下服装搭配。

长款晚礼服：选择一款修身的长款晚礼服，可以展现您的优雅气质。建议选择黑色或红色等比较正式的颜色，同时注意裙摆的长度和设计，避免过于暴露或夸张。

短款小礼服：如果您希望更加活泼一些，可以选择一款短款的小礼服，搭配高跟鞋和简单的配饰，既时尚又不失庄重。建议选择亮色系，如粉色、蓝色等，能够更好地突出您的个性。

西装套装：如果您想要展现自己的职业形象，可以选择一套合身的西装套装，搭配一双高跟鞋和简单的珠宝饰品。建议选择深色系，如黑色、灰色等，能够更好地展现您的专业素养。

……

问：现在是夏季，我想穿绿色的连衣裙，可以吗？

答：当然可以！绿色是一种非常清新、青春和活力的颜色，非常适合夏季的气氛。如果您想穿绿色的连衣裙，可以选择浅绿色或淡绿色的款式，这样会更加清爽和舒适。同时，搭配一双高跟鞋或凉鞋，加上简单的珠宝饰品，就可以打造出时尚又优雅的造型了。祝您穿着愉快！

问：高跟鞋我平时穿得少，请为我推荐几款。

答：当然，以下是几款适合平时穿的高跟鞋。

平底高跟鞋：平底高跟鞋是一款非常实用的鞋款，不仅可以穿去上班或者日常生活，还可以穿着去约会或者参加派对。平底设计让脚部更加舒适，而高跟则可以让整个人看起来更加高挑。

粗跟高跟鞋：粗跟高跟鞋比细跟高跟鞋更加稳定，适合那些不太习惯高跟鞋的人。粗跟高跟鞋的高度也比较适中，可以让你在不失优雅的同时，也不会太累。

……

总之，选择高跟鞋的时候，需要根据自己的脚型、穿着场合、个人喜好等因素来选择适合自己的鞋款。

问：发型呢？

答：对于高跟鞋的发型，以下是几种适合的选择。

低马尾：低马尾是一种简单又时尚的发型，适合搭配各种服装，尤其是高跟鞋。将头发扎成低马尾，可以让脖子和肩膀看起来更加修长，同时也能够突出高跟鞋的美感。

高麻花辫：高麻花辫是一种非常适合搭配高跟鞋的发型，因为它可以让整个人看起来更加优雅和时尚。将头发编成高麻花辫，再搭配高跟鞋，可以让你的整个人看起来更加高挑。

......

问：我还需要化妆吗？

答：化妆对于主持人来说非常重要，因为它能够让您的外表更加精致、自信和专业。如果您想要在晚会上展现出最佳状态，化妆是必不可少的。

建议您在化妆时，注重突出自己的优点，比如您的眼睛、嘴唇、鼻子等。您可以选择一些淡妆，比如淡粉色的眼影、淡棕色的唇膏、淡淡的腮红等，这些颜色能够让您的皮肤看起来更加健康、自然。

问：对于主持晚会，我还有什么需要注意的事项吗？

答：当您主持晚会时，除了穿着得体外，还需要注意以下几点事项。

熟悉节目流程和内容：在主持晚会前，一定要仔细阅读节目单和台词，了解每个环节的内容和顺序，以便在现场能够流畅地引导整个晚会。

注意语言表达和口齿清晰：作为主持人，您需要用清晰、准确的语言表达来引导观众，同时要注意语速和语调的把握，避免过快或过慢，以及口齿不清的情况发生。

与演员互动：在晚会中，您需要与演员进行互动，包括介绍演员、引导演员上台等，需要注意与演员的配合和默契度。

咨询 AI 助理后，小夏决定穿一件绿色连衣裙、一双粗跟高跟鞋，梳低马尾，并化淡妆去主持晚会。

### 5.4.3　健身顾问

小夏想让自己的身材更好，于是她咨询了 AI 助理，想得到帮助。对话如下。

问：我是某大学的学生，女，21岁，身高165cm，体重60kg，我想让身材更好，应该选择哪种健身方式呢？

答：您好，根据您提供的信息，您的年龄、身高和体重均在正常范围内，无须过于担心。对于身材的改善，我建议您选择一种适合您的健身方式。健身方式多种多样，包括有氧运动、力量训练、瑜伽等，您可以根据自己的兴趣和身体状况选择。例如，如果您喜欢户外活动，可以选择跑步、骑行等有氧运动；如果您喜欢静止的运动，可以选择瑜伽、普拉提等。无论选择哪种方式，都要持之以恒，才能看到效果。同时，合理的饮食也是非常重要的，保持均衡的饮食，避免过度摄入高热量食物。希望这些建议对您有所帮助，祝您健康美丽！

问：我喜欢游泳，请问我如何通过游泳来改善身材呢？

答：游泳是一项全身性的运动，对身材的改善非常有效。以下是一些游泳姿势和技巧，可以帮助您通过游泳来塑造身材。

自由泳：自由泳是最常见的游泳方式之一，它可以锻炼到全身的肌肉群。在自由泳中，腿部和手臂的动作要协调，尽量保持身体的水平。通过自由泳，您可以增强腿部和臀部的力量，同时塑造上半身的线条。

蛙泳：蛙泳是一种较为轻松的游泳方式，它主要锻炼大腿和臀部肌肉。蛙泳的动作特点是双腿交替蹬水，手臂同时划水。通过蛙泳，您可以有效地燃烧脂肪，塑造大腿线条。

需要注意的是，游泳是一项较为安全的运动，但也需要注意安全。在游泳前要进行热身运动，避免受伤。同时，如果您有任何健康问题，建议在进行游泳训练前咨询医生的意见。

问：在游泳时有什么需要注意的吗？

答：在游泳时需要注意以下几点。

游泳前要进行充分的热身运动，以免肌肉拉伤等意外伤害。

在游泳时要保持呼吸顺畅，不要过度憋气或过度呼气。

在游泳时要注意保持头部和颈部的姿势，避免颈部受伤。

问：在游泳时如何增加我的力量？

答：做力量训练：游泳时可以使用游泳板等器械进行力量训练，可以帮助您增强肌肉，提高代谢率。

问：游泳后，饮食方面需要注意什么吗？

答：在游泳过后，您的饮食确实需要注意一些事项。以下是一些建议。

补充水分：游泳是一项全身性的运动，会消耗大量的水分。因此，在游泳后要及时补充水分，以保持身体的水平衡。建议喝足够的水或运动饮料，避免脱水。

摄入适量的碳水化合物：游泳是一项高强度的运动，需要消耗大量的能量。因此，在游泳后可以适量摄入一些碳水化合物，如全麦面包、米饭等，以补充身体的能量储备。

……

通过与 AI 助理的对话，小夏打算每周去游泳馆进行游泳锻炼。

## 5.5 小结

（1）近年来，随着 AI 的不断发展，美食制作领域也迎来了一场令人瞩目的变革。以智能菜谱为代表的创新技术，正逐渐颠覆传统的烹饪方式，引领着美食的革命。

（2）随着 AI 大模型时代的到来，AIGC 在旅行规划和预订阶段的应用，为解决出行问题提供了更好的方法，也让旅行变得更加个性化。

（3）AI 助理是一种利用 AI 技术构建的，能够与人类进行自然语言交互和完成特定任务的软件。

## 5.6 实训

小白是某高校会计专业的一名大三学生，家在贵州，她想在暑假一个人去杭州旅游，并品尝杭州的美食，请协助她咨询 AIGC，做好攻略。

具体内容如下：

（1）了解杭州的天气；

（2）了解酒店住宿信息；

（3）了解杭州的景点和美食；

（4）了解旅游中的注意事项。

## 5.7 习题

（1）简述如何使用 AIGC 制作一道菜。

（2）简述如何使用 AIGC 来制订旅行规划。

（3）简述 AI 助理的优点。

# 第6章

# AIGC造就绘画大师

# 06

## 【本章导读】

AIGC 艺术工具逐渐成熟，在绘画领域取得了一定的成绩。通过分析和学习各种风格的艺术作品，AIGC 不仅可以模仿特定风格的艺术作品，甚至可以创造出全新的艺术表现形式，产生视觉上令人惊叹而又内涵丰富的作品。这也对艺术作品的创作过程产生了深远的影响。本章在简述 AIGC 绘画提示词的基础上，主要介绍 AIGC 在绘制风景画、生成效果图、图像处理和视频制作方面的应用。

## 【本章要点】

- AIGC 绘画概述
- 绘制风景画
- 生成效果图
- 图像处理
- 视频制作

## 6.1 AIGC 绘画概述

随着科技的不断发展，AI 已经渗透到各个领域，包括艺术创作。AIGC 绘画是 AIGC 的一个重要分支，它通过机器学习和深度学习等技术，让计算机能够自动生成具有艺术价值的图像。AIGC 可以帮助艺术家打破传统的创作边界，开启全新的创作维度。通过 AIGC 技术，艺术家可以更轻松地尝试各种各样的创意，创造出更多前所未有的艺术作品。AIGC 绘画实质是使用 AI 算法来生成图像，模型从一组训练图像中学习如何创作一幅画，然后根据训练图像的风格创作一幅新画。

### 6.1.1 认识 AIGC 绘画

大多数人对于 AIGC 绘画的认识始于《空间歌剧院》，这是一幅由 AIGC 创作的绘画作品，如图 6-1 所示。《空间歌剧院》是由美国游戏设计师贾森·艾伦（Jason Allen）使用 AIGC 绘图软件 MidJourney 创作完成的，是在近千次的尝试后生成的。2022 年 8 月，该作品获得了美国科罗拉多州艺术博览会数字艺术类别的冠军。《空间歌剧院》描绘了一个奇怪的场景，看起来像是一个太空歌剧院。巴洛克风格的大厅里，有一个圆形的观景口，其中是阳光普照、光芒四射的景象。从画

图 6-1　AIGC 绘画作品——《空间歌剧院》

作本身来看，构图无可挑剔，笔触细腻，是一幅极具想象力的超现实作品，使人仿佛置身于另一个宇宙。

在互联网上，AIGC 绘画成为焦点话题之一，MidJourney、Disco Diffusion、Stable Diffusion 等 AIGC 绘图产品开始被越来越多的人熟知，大量 AIGC 绘图作品随之被产出。一时间，AIGC 绘画席卷了微博等国内外社交媒体平台。人们惊讶于只用在软件中输入几个关键词就能在十几秒内生成一幅画作，也惊讶于 AIGC 绘图产品在精细度与风格上的成果。无论何种风格、题材，AIGC 都可以生成高水平的艺术作品。

AIGC 的"想象力"似乎没有边界，几乎能满足创作者的所有需求。但一些过于奇怪的需求则让 AIGC 的画作展现出了更奇特的效果，如人体变形、线条错位。在水平参差不齐的 AIGC 绘图产品的创作下，AIGC 的画作也一度成为不少人的快乐之源。

目前，大部分 AIGC 绘图产品的底层逻辑仍旧是学习与临摹。事实上，AIGC 绘图产品本身并不具备创作能力，这些产品需要大量绘画作品的图像数据，并通过不断地深度学习将其"消化"，再通过理解关键词的方式进行创作输出。

AIGC 绘画正成为新的趋势。人们只要在 AIGC 绘图产品里输入几个关键词，再选择想要的风格与视角，就能收获一幅高水平画作。凭借着令人惊异的技术水准与创作能力，AIGC 绘画已经成为国内外技术领域的顶流概念之一。短短一个多月里，无数 AIGC 画作被生产出来，AI 正向人类引以为傲的艺术创作领域发起冲击。不过值得注意的是，随着 AIGC 艺术工具的成熟，无论是绘画爱好者还是平面设计师都开始关注 AIGC 会不会对行业造成冲击、AIGC 会不会取代艺术家等问题。

## 6.1.2　什么是 AIGC 绘画

传统的绘画过程通常需要艺术家手动绘制线条、填充色彩等，然后再进行修饰和完善。而 AIGC 绘画则是让计算机自动完成这些工作。

常见的 AIGC 绘画类型是文本生成图像，用户只需要输入提示词，也就是用户对希望产生的图像的描述，AIGC 就能自动生成图像。

AIGC 绘画风格主要包含抽象派风格（抽象派绘画强调形状、线条和色彩的处理，追求艺术上的自由表达。AIGC 可以通过对图像进行分析和处理，将其转化为抽象派风格的绘画作品）、印

象派风格（印象派绘画注重光线和色彩的表现，强调瞬间感受和印象。AIGC 可以通过对图像进行处理，模拟印象派的轻柔笔触、明亮色彩和模糊效果，将图像转化为印象派艺术风格的绘画作品）、油画风格（油画作为传统绘画的重要形式，具有细腻的质感和强大的表现力。AIGC 可以模拟油画的笔触和纹理，将图像转化为油画风格的绘画作品）和水彩风格（水彩画以其柔和的色彩过渡和流动感受到广泛的喜爱。AIGC 可以模拟水彩的渗透效果和柔和的色彩，将图像转化为水彩风格的绘画作品）。

AIGC 在图像生成领域中能够模拟和学习现实世界中的图像特征，并生成逼真、具有创造性的图像。

（1）文本到图像的生成

AIGC 可以根据文本描述生成图像，包括人物、风景、物体、虚拟场景等。AIGC 首先将输入的文本描述转换为计算机可理解的向量表示，这一步可通过将单词映射为词向量或使用预训练的语言模型来完成。文本到图像的生成关键是设计一个有效的图像生成模型，常用的模型包括卷积神经网络模型、循环神经网络模型和生成对抗网络模型。这些模型通过学习文本和图像之间的映射关系，生成与文本描述相匹配的图像。在训练过程中，模型接收文本描述作为输入，并尝试生成与描述相符的图像。最后，模型生成的图像需要评估和改进。评估可以由人类完成，如使用主观评分或比较实验来评估，也可使用客观评估指标，如图像质量评估指标。根据评估结果对生成模型进行调整和改进，以提高生成图像的质量和准确性。

文本到图像的生成技术在很多领域都具有潜在的应用价值。例如，它可以辅助虚拟场景的构建，帮助人们将想法和描述可视化，辅助创作艺术作品等。随着深度学习和自然语言处理技术的不断发展，文本到图像的生成技术也将不断进步和完善。

图 6-2 和图 6-3 分别展示了以星际航行为主题的不同 AIGC 绘画作品。

图 6-2　AIGC 绘画作品一

图 6-3　AIGC 绘画作品二

（2）图像修复和增强

AIGC 可以自动修复图像或增强图像，如去除噪声、调整亮度和对比度、改变颜色等，使图像看起来更加清晰和美观。图 6-4 所示为利用 AIGC 进行图像修复的前后对比，其中（a）是原图，（b）是 AIGC 修复后的图，（b）中书的轮廓边缘线更加清晰。

（a）原图　　　　　　　　　　　　　　（b）AIGC 修复后的图

图 6-4　利用 AIGC 进行图像修复

（3）图像转换

AIGC 还可以通过修改图像的特定属性进行图像转换。例如，它可以将一张夏季风景的图像转换成冬季风景，或者修改一张人物照片中的发型和服装。图 6-5 所示为使用 Stable Diffusion 完成的一棵树从夏季到冬季的图像转换。

（a）夏季　　　　　　　　　　　　（b）冬季

图 6-5　从夏季到冬季的图像转换

（4）风格迁移

风格迁移是将一幅图像的风格迁移到另一幅图像的过程。风格迁移可以将一幅图像的风格与另一幅图像的内容相结合，生成具有新颖艺术风格的图像。这项技术通过机器学习和深度学习让计算机能够理解和应用不同图像之间的风格及内容。风格迁移技术在艺术创作、图像编辑和设计等领域有着广泛的应用。它让我们可以将不同风格的艺术特征应用到自己的作品中，创造出个性化的艺术作品。此外，风格迁移还可以用于图像增强、图像风格转换和虚拟现实等方面，为图像处理带来了新的可能。

图 6-6 所示为将凡·高的《星空》的风格迁移到一幅人物画像。

（5）交互式图像生成

交互式图像生成通过与用户进行实时交互来生成图像。与传统的图像生成方法相比，交互式图像生成赋予用户更多的控制权，使其能够直接参与图像的创作过程。交互式图像生成方法通常结合了计算机视觉、计算机图形学和人机交互等领域的技术。深度学习生成模型是常见的交互式图像生成模型，如生成对抗网络和变分自编码器。这些模型可以根据用户的输入和反馈来生成图像。用户可以通过向模型提供不同的输入，如文字描述、草图等来指导生成过程。

凡·高的《星空》

人物画像

融合成品

图 6-6　风格迁移示意

【案例 1】为小说绘制插图，提示词中要有小说名。

输入提示词：为小说《红楼梦》绘制插图。

输出如图 6-7 所示。

还可以通过设定特定场景来为小说绘制插图。假设希望
得到一张以林黛玉喝茶为主题的插图，可以在提示词中描述
该场景。

【案例 2】输入提示词：以亭子为背景，绘制《红楼梦》
中林黛玉品茶的插图。

输出如图 6-8 所示。

【案例 3】若希望得到具有某种风格的图像，可在提示词
中指明风格。

图 6-7　为小说《红楼梦》绘制插图

输入提示词：绘制具有巴洛克风格的一群游泳的鸭子的图像。

输出如图 6-9 所示。

图 6-8　绘制特定场景的插图

图 6-9　绘制具有某种风格的图像

## 6.1.3 AIGC 绘画提示词

AIGC 绘画提示词可选用如下结构：画质+画面效果+色彩与色调+风格+主题描述+背景描述+视角。

常见的画质提示词：杰作、最佳品质、复杂细节、超高分辨率、高清壁纸、画面高质量、顶级质量、一般质量、糟糕的质量、质感皮肤、线条流畅、艺术渲染、动态捕捉、氛围营造、立体感强、专业级别、高清重现、细腻光影、视觉盛宴……

常见的画面效果提示词：模糊的、闪耀效果、全身照、肖像画、晕影、逆光、动态模糊、电影光效、大量留白、左右对称、背景虚化、压缩失真、老电影滤镜、图像填充、半调风格、立体画……

常见的色彩与色调提示词：鲜艳的、暗淡的、明亮的、多彩的、黑白的、淡黄色、桃红色、中性色、千禧粉、淡紫色、玫瑰红、翠绿色、深紫色、土黄色、薄荷绿、紫罗兰色……

常见的风格提示词：单色画、水彩画、铅笔画、油画、水墨、蜡笔、粉彩、原画、素描、手绘、草图、漫画、封面、剪纸、插画、线稿、暗色调、抽象、浮世绘、复古艺术、仿手办风格、赛博朋克、照片、包豪斯、巴洛克、概念艺术、现实主义、风俗画、波普艺术、哥特风格、拜占庭风格、数字艺术风格、洛可可风格……

常见的背景描述提示词：白色背景、闪烁的星星、蓝天白云、流星、烟花、雨滴、飘散的花瓣、田园、红色的房子、春日公园、冬季雪景、秋日树林、紫色黄昏、孤岛海滩……

常见的视角提示词：俯视、鸟瞰、水平角度、仰视、正视、侧视、背视、摄影机视角、特写、全景、经过旋转的、广角视角、平行视角、穿越视角、悬停视角……

常见的主题描述提示词见表 6-1。

**表 6-1　常见的主题描述提示词**

| 主题 | 提示词 |
|---|---|
| 人物（动物） | 女孩、男孩、模特、演员、夫妇、母亲、父亲和孩子、一群朋友、一群同事、猫、狗、音乐家、厨师、憨态可掬的熊猫、威武的狮子 |
| 表情 | 张口、努嘴、叹气、微笑、浅笑、露齿而笑、生气、苦恼、害羞、脸红、皱眉、蹙额、吐舌头、害怕、怒视、嫌弃、不满 |
| 服装 | 有领衬衫、灰色衬衫、无袖衬衫、黑色裙子、百褶裙、露肩装、黑色袖子、宽袖、蓝色领带、华丽的服装、色彩缤纷的服装、黑色靴子、领带夹 |
| 环境 | 室内、户外、水下、丛林、沙漠、山、湿地、河口、草原、绿洲、山丘、洞穴、瀑布、海滩、悬崖、咖啡馆 |
| 情绪 | 坚定的、欢乐的、昏昏欲睡的、愤怒的、害羞的、尴尬的、平静、精力充沛 |
| 城市风貌 | 霓虹闪烁、高楼林立、繁忙街道、夜晚灯光、城市公园、音乐喷泉 |
| 幻想世界 | 仙境之旅、神秘森林、魔法城堡、星空奇观、幻影岛屿、时间之河、机械王国、梦幻之泉、浮游之地、时光隧道 |

常见的绘画提示词实例如下。

> 一只正在笑的狗。
>
> 一个可爱的动漫女孩。
>
> 一只大猫和两只小猫。
>
> 一个穿白色裙子的漂亮年轻女人。
>
> 会开车的狗。
>
> 掌心上的超小猫咪。
>
> 超大的西瓜。
>
> 一个女生的全身画像。
>
> 3D人物，优雅的身姿，城市景观的背景，金色的灯光，诱人的魅力

【案例4】使用提示词绘制一只熊。

输入提示词：熊。

输出如图 6-10 所示。

将该熊修改为钢铁材质，修改提示词为钢铁熊。

【案例5】输入提示词：钢铁熊。

输出如图 6-11 所示。

图 6-10 熊

图 6-11 钢铁熊

在图像中加入机甲元素，颜色为白色。熊在奔跑，有力量感，背景有高楼大厦。

【案例6】输入提示词：奔跑，机甲，钢铁，白色，熊，力量，高楼大厦。

输出如图 6-12 所示。

【案例7】希望 AIGC 绘制出都市的夜景，夜景中有烟花、路灯、音乐喷泉等。可以将若干种都市夜景的元素都加入提示词中。

输入提示词：都市夜景，霓虹灯，路灯，烟花，行人络绎不绝，车辆来来往往，音乐喷泉，现代。

输出如图 6-13 所示。

图6-12　钢铁机甲熊

图6-13　AIGC根据提示词绘制的现代都市夜景

【案例8】使用提示词要求AIGC以素描的形式绘制一只猫咪，可以使用"主题+风格"的结构构建提示词，主题是"猫"，风格则是炭笔素描。

输入提示词：一只猫，炭笔素描。

输出如图6-14所示。

图6-14　AIGC根据提示词绘制的猫咪

# 6.2 绘制风景画

风景画的概念大概是在16世纪的意大利被提出来的，它是一种描绘景物的绘画体裁。这种体裁的绘画以真实的或想象的自然和人造景物为描绘对象，包括自然风景、城市风景等。东西方各有不同的风景画传统。

## 6.2.1 风景画概述

风景画是以风景为主题的一种绘画形式，重在表现人类文化和自然景致的结合、人类对自然的了解以及对生命的感悟。

### 6.2.2 AIGC 绘制风景画实例

使用 AIGC 绘图产品时，在模型中输入关键词即可快速生成对应的图像。值得注意的是，如果输入的提示词是中文，建议多用词组、短语、短句的组合。我们可以类比古诗词"枯藤老树昏鸦""古道西风瘦马"，这样寥寥数词便描绘了一个极具画面感的荒凉场景。同样的道理，提示词也应该是这样极具关联性、空间感、写实的词组、短语、短句的组合。

【案例 9】如果希望 AIGC 绘制风景图，可以输入提示词：生成两幅风景图。

输出如图 6-15 所示。

（a）风景图 1  （b）风景图 2

图 6-15　生成的风景图

还可以在提示词中指定主题。

【案例 10】输入提示词：根据"枯藤老树昏鸦，小桥流水人家"生成一幅风景图。

输出如图 6-16（a）所示。

【案例 11】输入提示词：生成一幅江南水乡夏季风景图。

输出如图 6-16（b）所示。

（a）主题为"枯藤老树昏鸦，小桥流水人家"的风景图　　（b）主题为江南水乡夏季风景图

图 6-16　指定主题的风景图

AIGC 可生成不同风格的图像，如古典风格、写实风格、水墨风格、简笔画风格等。在此，

以布拉格广场为主题，让 AIGC 生成不同风格的图像，进行对比。

【案例 12】使用 AIGC 绘图产品绘制不同风格的图像。

输入提示词：绘制布拉格广场，以不同风格展示。

输出如图 6-17 所示。

（a）古典风格　　　　　　　　　　（b）写实风格

（c）水墨风格　　　　　　　　　　（d）简笔画风格

图 6-17　AIGC 生成的不同风格的布拉格广场的图像

　　AIGC 以布拉格广场为主题生成了 4 幅风格不同的图像。读者可以根据自己的审美或场景需要进行选择。

### 6.2.3　拓展案例

　　小李是美术学院的学生，现在要提交一份风景画作业，他考虑以传统建筑群为主题进行创作，首先，他想借助 AIGC 工具寻找一些灵感。请帮助他完成这个目标，通过 AIGC 生成我国江浙、川渝、陕晋地区的传统建筑群，让他进行对比和选择。

## 6.3　生成效果图

　　效果图是设计师用来展示设计成果和设计方案的重要手段，是通过计算机三维仿真软件来模拟真实环境的高仿真虚拟图片，较多地应用于建筑设计、城市规划、景观环境设计、室内装饰及机械加工等领域。

## 6.3.1　生成效果图概述

AIGC只需要十几秒的时间就可以生成一幅效果图，而同样的效果图，设计师可能需要花费数十倍的时间才能绘制完成，因此AIGC的效率远高于设计师。

如果不断调整提示词，并且向AIGC提供参考图片或者绘画风格，AIGC生成的图片就能够不断接近用户想要的场景效果，同一段话的描述可以生成成百上千的效果图供用户挑选。

这些AI效果图可以作为参考图或者意向图来使用，也可以作为设计师灵感的来源，AIGC可以生成无限多的场景，这些场景中很有可能有一个刚好符合设计师想要的画面。

值得注意的是，目前AIGC的创作能力和画面的精准度依然不能够满足景观设计类别的商业用途需求。随着AIGC技术的不断进化，也许以后三维模型也可以由AIGC生成，到那时设计师的工作效率将产生质的飞跃。

【案例13】绘制一个美丽的草坪图，背景是蓝天，有喷泉，有小径。

输入提示词：草坪、蓝天、喷泉、小径。

输出如图6-18所示。

## 6.3.2　使用AIGC生成效果图

图6-18　生成的草坪图

以室内装修为例，客户对装修风格不是很了解，因此不好确定自己的装修风格意向。AIGC可以帮助设计师展示效果图，从而帮助客户进行选择。

【案例14】AIGC绘制家居装修效果图。

输入提示词：客厅装修、轻奢中式。

输出如图6-19所示。

图6-19　生成的轻奢中式家居装修效果图

输入"客厅装修、现代简约""客厅装修、欧式",得到的效果图如图 6-20 所示。

（a）现代简约风格　　　　　　　　　（b）欧式风格

图 6-20　生成的不同风格的装修效果图

在 AIGC 的帮助下,各种装修风格以图片的形式形象地展现在客户面前,客户可以更好地了解和对比装修效果,从而做出选择。

此外,人们还可以使用 AIGC 绘制各种户外装修效果图。

【案例 15】输入提示词:绘制花园装修效果图。

输出如图 6-21 所示。

### 6.3.3　拓展案例

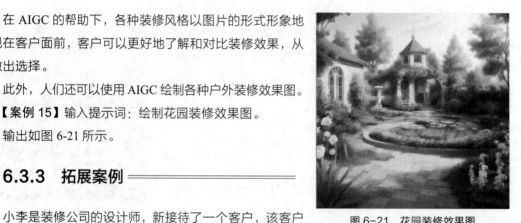

小李是装修公司的设计师,新接待了一个客户,该客户

图 6-21　花园装修效果图

想要波希米亚风格和中式风格混搭的效果,但是不确定这两种风格是否能够融合。因此,小李想借助 AIGC 生成装修效果图,让客户能够直观地看到波希米亚风格和中式风格混搭的效果,请你帮助他完成这一目标。

## 6.4　图像处理

图像是人类感知世界的视觉基础,是人类获取信息、表达信息和传递信息的重要手段。图像只是绘画作品所呈现的一面,绘画作品的影响力还与作品的材质、尺幅和颜料的厚重感等有关。

### 6.4.1　图像处理概述

图像处理一般是指数字图像处理,数字图像是指用相机、摄像机、扫描仪等设备经过拍摄得到的一个大的二维数组,该数组的元素称为像素,其值称为颜色值。根据颜色和颜色值,图像可以分为二值图像、灰度图像、索引图像和真彩色 RGB 图像 4 种基本类型。图像处理技术一般包括图像压缩,增强和复原,匹配、描述和识别三大类,这里以图像增强和图像描述为例。

### 6.4.2 图像增强

图像增强就是指增强图像中的有用信息，以改善图像的视觉效果。它会有目的地强调图像的整体或局部特性，将原来不清晰的图像变得清晰或强调一些特别的特征，以提升图像质量，丰富信息量，加强图像判读和识别的效果。很多图像编辑软件都具有图像增强功能，如图像去雾、对比度调整等。

在浓雾天拍摄的图片，由于浓雾的影响，细节无法辨识。通过去雾处理，图像可以变清晰，如图 6-22 所示。

（a）去雾前　　　　　　　　　　　　（b）去雾后

图 6-22　去雾处理效果示例

图像对比度是指一幅图像中最亮的白色区域和最暗的黑色区域之间亮度差异的度量，即一幅图像灰度级别的反差程度。差异范围越大，则对比度越大；而差异范围越小，则对比度越小。要显示丰富的色彩，比较好的对比度是 120∶1；当对比度达到 300∶1 时，则可以支持各阶颜色。适当调整对比度，可以使图像更加鲜明，如图 6-23 所示。

（a）原图　　　　　　　　　　　　（b）调整对比度后

图 6-23　调整对比度效果示例

【案例 16】使用 AIGC 绘画并对图像进行修改。

输入提示词：绘制古代宫殿全景图。

输出如图 6-24 所示。

修改提示词，以增强该图像的视觉效果。

【案例 17】输入提示词：增强该图像的视觉效果。

输出如图 6-25 所示。

图 6-24　古代宫殿全景图　　　　　　　图 6-25　增强视觉效果后的图像

继续修改提示词，在图像中添加大雾效果。

【案例 18】输入提示符：显示大雾中的古代宫殿全景图。

输出如图 6-26 所示。

图 6-26　大雾中的古代宫殿全景图

## 6.4.3　图像描述

图像描述是在 AIGC 对图像内容自动理解的基础上，生成图像。它依赖于 AI 算法和计算机视觉技术，通过深度学习算法学习图像中的特征，理解图像内容和结构，然后基于特征生成准确而通顺的自然语言描述。AIGC 也可以根据输入的文字描述完成图像的绘制。

【案例 19】AIGC 根据输入的文字描述完成图像的绘制。

输入提示词：一只银渐层布偶猫在草坪上玩耍。

输出如图 6-27 所示。

图 6-27　根据文字描述绘图示例

为了让 AIGC 生成更加准确、贴合我们想法的图像，在输入图像的文字描述时，要准确、细致地描述想要生成的图片，并可以反复进行尝试，对比生成的图片，让 AIGC 根据结果不断优化图像。

如针对图 6-27，我们希望草坪上有小花出现，于是修改提示词为"一只银渐层布偶猫在长满小花的草坪上玩耍，它毛发有光泽，两眼有神，在阳光中闪闪发光"，得到图 6-28 所示的图像。

图 6-28　修改文字描述后生成的图像示例

【案例 20】AIGC 生成虚拟的人物图像。

输入提示词：帮我画赏月的嫦娥，面容唯美。

输出如图 6-29 所示。

图 6-29　赏月的嫦娥

【案例 21】修改提示词，在图像中增加玉兔。

输入提示词：在嫦娥手中还有玉兔。

输出如图 6-30 所示。需要注意的是，该图中嫦娥的手的数量与正常人明显不同。这幅图也侧面印证了 AIGC 技术在某些层面上还不能达到与人类比肩的高度。

图 6-30　赏月的嫦娥与玉兔

【案例 22】AIGC 根据一段文字描述来绘制图像。

输入提示词：绘制一幅小男孩冒险的图像。有一个叫杰克的小男孩，他喜欢冒险故事。他读了许多关于宝藏和海盗的书，常常幻想自己也能去冒险。有一天，他在海岸上玩耍时发现了一张地图，上面标示着通往一个神秘岛屿的路线和宝藏的位置。杰克知道他必须找到一种方法去那个岛屿，并解开它的秘密。

输出如图 6-31 所示。

图 6-31　根据一段文字描述来绘制图像

【案例 23】AIGC 根据文字描述来绘制多幅图像。

输入提示词：绘制多幅图像，展示小孩子们快乐的一天。

输出如图 6-32 所示。

图 6-32　根据文字描述来绘制多幅图像

### 6.4.4　拓展案例

小李是一个摄影师，他在为一套个人写真集撰写标语的时候突然感觉词汇匮乏，于是，他想借助 AIGC 寻找一些灵感。请帮助他完成这一目标，这套写真集是一个 8 岁孩子的古风照片。

## 6.5　视频制作

视频制作是对视频、图片、音乐等元素进行重新剪辑、整合和编排，生成一个新的视频文件的过程，既包含对原素材的合成，也包含对原素材的再加工。

### 6.5.1 视频制作概述

随着短视频平台的快速发展，短视频制作逐渐成为热点。短视频的拍摄需要消耗人力、物力、时间，短视频拍摄完成后还需要后期制作，整个过程十分复杂，因此，采用 AIGC 技术制作短视频成为一种新的趋势。AIGC 可以自动调整画面的色彩、亮度、饱和度等参数，从而提升制作效率。

### 6.5.2 使用 AIGC 进行视频制作

使用 AIGC 制作视频，也需要确定好主题，准备一定的素材，比如图片、文字等。

【案例24】时值中秋，使用 AIGC 制作一个视频，向老师表达感恩之情。

输入提示词：丹桂飘香，祝恩师健康。

输出如图 6-33 所示。单击"生成视频"按钮，即可生成相应的视频。该视频是以虚拟人物为形象完成文字的读取和播放，单击"变更形象""调整音库""替换背景"按钮后，可分别对视频中的虚拟人物、背景音乐及背景图片进行修改，如图 6-34 所示。

图 6-33 视频制作示例

图 6-34 视频元素修改界面示例

最后，单击 ⬀ 可以以链接的形式转发视频。

### 6.5.3 拓展案例

小李的妹妹将在国庆节期间举办婚礼，小李想制作一个视频送给自己的妹妹，祝她新婚快乐、天天幸福。她想采用 AIGC 进行视频的制作，请帮她完成制作。

## 6.6 小结

（1）随着 AI 技术的不断提升，AIGC 可以帮助设计师或学生们快速完成绘画及视频制作。如果学生能够熟练运用 AIGC，将有利于提升相关作品的整体质量。

（2）AIGC 可以帮助设计师在绘画时更好地进行整体画面设计，使得设计师可以将更多精力集中于创意实现。

（3）AIGC 生成的效果图可用作参考图或意向图，也可作为设计师灵感的来源。

（4）使用 AIGC 制作的视频依赖于提示词，通过多次修改优化提示词，视频会更加符合需求。

## 6.7 实训

小李是婚庆公司的后期制作工程师，他想让自己制作的婚礼视频是独一无二的。现在他接手制作一对夫妻的婚纱照及婚礼现场播放的视频，这一对夫妻分别出生在江苏省和重庆市，请协助他完成制作。

具体要求如下：

（1）寻找江苏省、重庆市两地的特色景区照片作为背景图；

（2）搜集关于江苏省、重庆市两地的诗词；

（3）以温柔的声音念出视频中的文字。

## 6.8 习题

（1）尝试用 AIGC 生成一个庆祝国庆节的视频。

（2）尝试用 AIGC 绘制一幅水墨长江风景图。

（3）尝试用 AIGC 生成一个以月球为主题的科幻片宣传封面。

# 第7章

# AIGC成就编程小能手

**07**

## 【本章导读】

在 AI 时代，编程已经成为一种重要技能。随着科技的发展，越来越多的工作和任务需要依靠编程来完成，因此掌握编程技能对每个人来说都是非常重要的。它可以帮助我们更好地理解和利用 AI 技术，跟上时代的步伐；它可以提高我们的工作效率，实现烦琐工作的自动化，节省我们的时间和精力；它可以给我们带来更多更好的工作机会。本章主要介绍如何借助 AIGC 加深我们对应用开发、编程学习和代码提示的理解和认识。

## 【本章要点】

- 应用开发
- 编程学习
- 代码提示

## 7.1 应用开发

应用开发，又称应用软件开发，是指利用计算机编程语言设计和编写应用程序的过程。这些应用程序旨在满足用户在不同领域的需求，解决工作和生活中的各种问题。应用程序可能具有特定的功能，也可能作为更大软件系统的一部分。应用开发的核心目标是提供高效、实用的解决方案，从而简化工作流程、提高生产力、满足特定的业务需求。

### 7.1.1 应用开发概述

按照开发方式的不同，应用开发可以分为 App 开发和 Web 端开发。App 开发就是移动应用程序开发，是基于移动平台的应用程序开发。常见的移动平台有安卓系统、iOS 等，在 App 开发中，前端开发人员常用的计算机语言有 JavaScript、Kotlin、Swift 等，后端开发人员常用的计算机语言包括 Java、PHP、Python、Ruby 等。Web 应用程序可以在任何支持 Web 浏览器的设备上运行，具有很好的跨平台性。Web 前端开发主要关注与用户的交互，利用 HTML、CSS、JavaScript 等技术，为用户提供网页的显示和访问等功能；Web 后端开发通常是指在服务器上运行的 Web 应用程序的开发，主要是通过计算机语言处理前端传递过来的数据，常用的计算机语言有 Java、PHP、Python 等。由此可知，App 开发和 Web 端开发的主要差异在前端。

应用开发往往需要团队协作以节约项目开发时间。为了提高开发效率，不同特点的项目应选择不同的开发模式。目前，主要有 4 种成熟的软件开发模式，分别是瀑布开发模式、快速应用开发模式、敏捷开发模式和 DevOps 部署模式。这些模式各有特点和适用范围，表 7-1 所示为它们的特点和缺点。

**表 7-1　软件开发模式的特点和缺点**

| 序号 | 软件开发模式 | 特点 | 缺点 |
|------|------------|------|------|
| 1 | 瀑布开发模式 | 传统的软件开发模式，是一个刚性的线性模型，分为需求、设计、实施、验证和维护 5 个阶段，每个阶段的目标明确，只有在当前阶段目标 100%完成，才能进入下一阶段。该模式易于理解和管理 | 回溯修改困难；开发时间长、成本较高 |
| 2 | 快速应用开发模式 | 比较精简的软件开发模式，分为需求规划、用户设计、构建和切换 4 个阶段，开发过程中需要重复用户设计和构建阶段，直至满足用户的所有需求。适用于一些中小型软件开发项目或者是开发时间较为紧迫的项目 | 对用户需求把握程度和技术人员的经验要求高 |
| 3 | 敏捷开发模式 | 通过迭代开发、关注互动沟通等方法来降低软件开发过程中的风险，同时减少开发中的资源消耗，可以通过早期发现和修复缺陷来提高开发的效率 | 依赖于用户反馈 |
| 4 | DevOps 部署模式 | 能增强开发部门间的协作，降低新版本的故障率，缩短 Bug 修复交付时间，提高产品的质量、员工的效率 | 人工交互可能使软件的交付流程更烦琐 |

本节将结合应用开发的流程介绍如何使用 AIGC 工具提高开发效率。

## 7.1.2　了解应用开发流程

对一个开发应用的新手来说，了解应用开发流程对于跟上团队步伐、发挥好自己的职能非常重要，可以通过 AIGC 工具了解应用开发的流程。

【案例 1】输入提示词：你是一个资深的应用开发工程师，现在请你总结一下应用开发流程。输出如下。

应用开发流程通常包括以下几个阶段：

1. 需求分析：在这个阶段，开发团队与客户或项目负责人沟通，了解客户的需求和期望。这包括确定应用的目标、功能、用户界面需求、性能要求等。需求分析的目的是确保开发团队对项目有一个清晰的理解，以便为客户提供满意的解决方案。

2. 原型设计：根据需求分析的结果，开发团队会创建一个简单的应用原型，展示应用的基本功能和界面布局。原型设计可以帮助客户更好地理解应用的功能和外观，同时也为开发团队提供了一个明确的方向。

3. 技术选型：在这个阶段，开发团队需要选择合适的技术栈来实现应用的功能。这包括选择合适的编程语言、框架、数据库、服务器等。技术选型需要考虑应用的性能、可扩展性、安全性等因素。

……

12. 迭代优化：根据用户反馈和应用的使用情况，开发团队需要不断对应用进行迭代优化，修复问题，增加新功能，以满足用户不断变化的需求。

根据提示词的要求，AIGC给出了应用开发的基本流程，包含12个阶段，并对每个阶段进行了简单的介绍。对于每个阶段的具体流程，我们可以通过细化提示词向AIGC咨询。

### 7.1.3 实现软件需求分析

软件需求分析是指开发人员通过对客户需求的深入调研和分析，把握客户对系统的功能、性能和可靠性等的具体要求，并将其转化为完整的需求定义的过程，是软件计划阶段的重要任务，也是软件生存周期中的第一步，是系统设计、系统完善和系统维护的依据。

【案例2】小吴是一个开发新手，他最近参加了电力行业的一个数据分析系统开发项目，需要了解客户的需求并完成需求分析报告。考虑到不同行业、不同系统的需求分析报告结构可能会有差异，他向AIGC询问：电力行业数据分析系统需求分析报告的结构是什么样的？

输出如下。

电力行业数据分析系统需求分析报告的结构主要包括以下几个部分：

1. 引言：在引言部分，介绍报告的目的、背景和意义，对电力行业数据分析系统的项目或系统进行简要描述。

2. 业务需求：明确电力行业的业务需求，包括电力生产、输配电、销售等环节的数据分析需求，以及各业务部门的数据共享和协同工作需求。

3. 用户需求：分析各类用户（如决策层、管理层、技术层等）对电力行业数据分析系统的需求，明确系统的使用对象和使用场景。

4. 功能需求：根据业务需求和用户需求，分析电力行业数据分析系统应具备的功能，如数据采集、存储、处理、分析、可视化等。

5. 非功能需求：明确电力行业数据分析系统的非功能需求，如系统的性能、可靠性、安全性、易用性等方面的需求。

6. 技术方案：根据需求分析，提出电力行业数据分析系统的技术方案，包括系统架构、数据库设计、数据采集与处理、系统集成等方面的技术实现方案。

7. 实施方案：根据技术方案，制定电力行业数据分析系统的实施方案，包括实施步骤、时间计划、人员安排等方面的具体方案。

8. 测试与评估：对电力行业数据分析系统进行测试和评估，确保系统符合需求，性能稳定、可靠。

9. 结论与建议：总结报告的主要结论，提出对电力行业数据分析系统的建议，以及对未来工作的展望。

以上是电力行业数据分析系统需求分析报告的基本结构，具体内容需要根据实际情况进行调整和完善。

第 3 点用户需求中提到了各类用户的不同需求，作为新手，小吴很想知道如何获取决策层的需求，于是他通过提示词与 AIGC 进行进一步的交流。

【案例3】输入提示词：如何获取决策层对电力行业数据分析系统的需求？

输出如下。

获取决策层对电力行业数据分析系统的需求，可以采用以下几种方法：

1. 访谈调研：通过与决策层进行面对面的访谈，了解他们对电力行业数据分析系统的需求和期望。在访谈中，可以针对他们的业务需求、关注重点、决策流程等方面进行深入探讨，以明确他们的需求。

2. 问卷调查：设计一份针对决策层的问卷调查，了解他们对电力行业数据分析系统的使用场景、功能要求、性能要求等方面的需求。通过问卷调查，可以获得较为全面的决策层需求信息。

3. 实际操作体验：让决策层实际操作电力行业数据分析系统，通过操作体验，了解他们的使用感受和需求，并根据他们的反馈进行调整和完善。

4. 竞品分析：对市场上的同类电力行业数据分析系统进行竞品分析，了解其功能、性能、用户体验等方面的优缺点，从而为决策层提供更为全面的需求分析。

5. 专家咨询：邀请行业专家或咨询机构，对电力行业数据分析系统进行深入分析，提出专业的建议和需求分析，为决策层提供更为权威和专业的参考。

综合运用以上方法，可以较为全面地获取决策层对电力行业数据分析系统的需求，为系统的设计和开发提供有力支持。

AIGC 输出了 5 种获取决策层对该系统的需求的方法。在分析这 5 种方法后，小吴结合实际情况选择了最合适的方法，以更好地理解决策层对该系统的需求。

## 7.1.4 展开软件设计

软件设计是从软件需求出发，在明确软件"做什么"的基础上，通过功能设计、模块划分确定软件的整体结构，形成软件的具体设计方案，从而解决"怎么做"的问题。软件设计可以分为概要设计和详细设计两个阶段。

- 概要设计：通过需求分析，分解软件功能，确定软件的总体结构。
- 详细设计：确定每个模块所需要的算法和数据结构，设计出每个模块的逻辑结构。

软件设计阶段对应的成果是软件设计说明书，它描述软件系统的组成模块、模块间的调用关系，以及每个模块的输入、输出。

AIGC可以帮助我们迅速了解软件设计。以电力行业数据分析系统的设计为例，首先进行概要设计，明确整体框架。以"角色+需求"的结构设计提示词，明确AIGC的任务是提供概要设计的示例。

【案例4】输入提示词：你作为一名资深软件设计师，请给出一个电力行业数据分析系统概要设计的示例。

输出如下。

---

作为一个资深软件设计师，我可以给出一个电力系统数据分析系统的概要设计示例。

1. 引言

随着电力系统规模的扩大和复杂性的增加，数据分析在电力系统运行、维护和管理中发挥着越来越重要的作用。本概要设计旨在提供一个全面的电力系统数据分析系统，以满足现代电力企业的需求。

2. 需求分析

基于用户和业务需求，本系统需要满足以下功能：

- 数据采集：从各种传感器、智能电表和其他数据源自动采集数据。
- 数据处理：包括数据清洗、转换、分析和可视化。
- 数据存储：高效存储大规模数据，支持快速查询和检索。
- 实时监控：对电力系统运行状态进行实时监控和预警。
- 报表生成：根据用户需求生成各类报表和分析报告。

3. 功能模块设计

- 数据采集模块：从各种数据源（如智能电表、传感器、SCADA系统等）自动采集数据，并进行初步的数据清洗和格式转换。
- 数据处理模块：包括数据预处理、特征提取、模型训练等功能。支持多种数据处理算法和机器学习模型。
- 数据存储模块：采用高性能的数据库管理系统（如MySQL、PostgreSQL等）进行数据存储，支持高效查询和检索。
- 实时监控模块：实时显示电力系统运行状态，提供预警和报警功能，及时发现异常情况。
- 报表生成模块：根据用户需求生成各类报表和分析报告，支持自定义报表格式和内容。

---

4. 数据库设计

本系统采用关系型数据库管理系统进行数据存储和管理，设计合理的表结构、索引和视图，以提高数据查询效率。同时，考虑到数据的安全性和完整性，需要进行适当的数据加密和权限控制。

5. 系统架构设计

该系统采用分布式架构，包括数据采集层、数据处理层、数据存储层和应用层。各层之间通过可靠的通信协议进行数据传输和交互，以确保系统的稳定性和可扩展性。

- 数据采集层：负责从各种数据源采集数据，并进行初步的数据清洗和格式转换。

- 数据处理层：负责对采集到的数据进行进一步的处理和分析，包括数据预处理、特征提取、模型训练等功能。

- 数据存储层：采用高性能的数据库管理系统进行数据存储和管理，支持高效查询和检索。

- 应用层：包括实时监控模块、报表生成模块等应用功能，为用户提供友好的界面和交互体验。

6. 结论

本概要设计提供了一个全面的电力系统数据分析系统，包括数据采集、处理、存储和展示等功能模块，能够满足现代电力企业的需求。在实施过程中，需要进一步细化和优化系统架构、数据库设计等方面，以确保系统的性能和可靠性。同时，需要根据用户需求和市场变化不断更新和扩展系统的功能模块，以适应不断变化的电力系统需求。

详细设计是对每个模块分别进行设计，借助 AIGC 可以进一步了解详细设计阶段的任务。比如想了解数据处理模块常用的逻辑结构，可以通过提示词向 AIGC 提问。

【案例 5】输入提示词：数据处理模块常用的逻辑结构有哪些？

输出如下。

数据处理模块常用的逻辑结构包括线性结构、树形结构和图形结构。

- 线性结构：线性结构中的数据元素之间存在一对一的线性关系，常用的线性结构包括数组、链表、栈和队列。

- 树形结构：树形结构中的数据元素之间存在一对多的层次关系，常用的树形结构有二叉树、二叉搜索树、B树、红黑树等。

- 图形结构：图形结构中的数据元素之间存在多对多的关系，常用的图形结构有有向图和无向图。

此外，还有集合结构、网络结构等其他逻辑结构。在实际应用中，根据数据处理的具体需求选择合适的逻辑结构。

AIGC 可以指导工程师在合理的范围内完成系统设计，提高工作效率和质量，是工程师的得力助手。

### 7.1.5 拓展案例

小王是一名 Java 系统开发与测试工程师，他参与的门禁管理系统开发工作已经进入测试阶段。该系统是基于 MySQL 数据库开发的，但是小王没有做过系统测试，因此，他期望 AIGC 能够帮助他了解系统测试，具体内容如下：

（1）了解系统测试的步骤；

（2）提供一些测试样例。

## 7.2 编程学习

AI 技术近两年发展迅猛，语音识别、人脸识别、自动驾驶等技术被广泛应用于社会生产和生活中，给我们带来便利。编程作为 AI 产业的基础，重要性日益显现。AI 技术是引领未来发展的战略性技术，编程学习也越来越得到重视。

### 7.2.1 编程学习概述

计算机编程语言是人机通信的桥梁，正是通过编程语言，实现了程序设计，通过一定的语法规则，使得人和计算机能够彼此理解。编程语言在几十年的发展过程中，经历了机器语言、汇编语言和高级语言 3 个阶段。机器语言是被机器接受并且执行的语言，只有 0 和 1，不利于人类理解和记忆；汇编语言广泛应用于底层编程，如嵌入式系统、工业控制等领域；高级语言则广泛应用于各种类型的应用程序开发中。

目前，编程课程已经纳入我国中小学课程体系，但是课程时间有限，只能给学生搭建起一个简单的编程思维框架，AIGC 可以助力学生更好地学习编程。

### 7.2.2 确定学习语言

计算机编程语言种类很多，各有各的语法规则，开发人员可以根据自己想要钻研的领域选择该领域常用的编程语言。AIGC 可以帮助我们了解某一领域常用的编程语言。

如果我们想深入了解 AI 领域，并想知道哪些编程语言常用于该领域，可以让 AIGC 扮演教师，给我们一点建议。

【案例 6】输入提示词：你是一名大学教师，请问，人工智能领域常用的编程语言有哪些？输出如下。

作为一名大学教师，我认为人工智能领域常用的编程语言主要包括Python、Java、C++等。这些语言各有特点，其中，Python由于其简洁的语法和丰富的库支持，成为人工智能领域的首选语言。Java和C++也是比较常用的编程语言，特别是在需要高效性能的大型项目中。此外，还有一些其他的编程语言，如R、Scala等，也在人工智能领域有所应用。

AIGC 给出的答案中提到了 5 种语言，如果想知道它们之间的差异，还可以进一步提问。

【案例 7】输入提示词：Python 和 R 的差异。

输出如下。

Python和R在人工智能领域的应用中存在一些区别，主要体现在以下几个方面：

● 定义和数据结构：Python是一种通用的编程语言，而R则是一种专为统计计算和图形呈现而设计的语言。在数据结构方面，R中的数据结构比较简单，主要包括向量（一维）、多维数组（二维时是矩阵）、列表（非结构化数据）、数据框（结构化数据）。而Python则包含更丰富的数据结构来实现更精确的数据访问和内存控制，如多维数组（即可读、有序）、元组（只读、有序）、集合（唯一、无序）、字典（Key-Value）等。

● 速度：Python可以直接处理GB级的数据，而R在处理大数据时需要先将所有数据加载到内存中，速度相对较慢。

● 适用场景：R更适合于数据分析任务中可独立计算或使用单个服务器的应用场景，以及需要大量统计测试和创建机器学习模型的任务。Python则更适用于与Web应用程序集成或在生产数据库中插入一条统计代码的场景。

● 学习和使用难度：Python对于非专业程序员来说更易于学习，其语法相对简单。而R由于专为统计分析而设计，对于初学者来说可能相对容易上手，但要进行更复杂的操作可能需要开发者做更多的学习。

● 开发环境：对于R语言，需要使用R Studio等集成开发环境。而Python则有更多的集成开发环境和文本编辑器可供用户选择。

● 就业方向：Python被广泛用于数据分析、机器学习、Web开发等多个领域，因此就业方向更广泛。R则更多地被用于统计建模和数据科学领域。

总的来说，Python和R在定义和数据结构、速度、适用场景、学习和使用难度以及开发环境等方面存在区别。在人工智能领域应用时，根据具体需求选择合适的编程语言。

可以看到，AIGC 从 6 个方面给出了 Python 和 R 之间的区别。

### 7.2.3　了解算法原理

学习编程离不开对算法原理的理解。算法是指完成一个任务所需要的具体步骤和方法。在给定输入或初始状态后，计算机按照一定步骤和方法，进行有限次运算，最终能够得到期望的输出或终止状态。

机器学习中有很多经典算法，如决策树、随机森林、K-近邻、朴素贝叶斯、支持向量机和神经网络。AIGC可以帮助我们学习这些算法原理，这里以支持向量机为例。

【**案例8**】输入提示词：请详细介绍一下支持向量机的原理。

输出如下。

> 支持向量机（Support Vector Machine，SVM）是一种机器学习算法，属于二分类模型。它的基本原理是找到一个超平面，使得该超平面能够将训练数据集中的正例和反例尽可能分开。这个超平面由支持向量确定，它们是离超平面最近的训练样本点。
>
> 在二维空间中，支持向量机的目标是找到一个直线，使得该直线能够将两类样本点完全分开。如果存在一个超平面能够将所有训练样本点完全分开，则称该超平面为理想超平面。对于非线性问题，支持向量机通过使用核函数将输入空间映射到高维特征空间，然后在高维特征空间中找到一个最优超平面。
>
> 在训练过程中，支持向量机通过最小化分类间隔（即支持向量到超平面的距离）和最大化分类间隔（即两类样本中距离超平面最近的样本点到超平面的距离）来寻找最优超平面。这个过程可以转化为一个凸二次规划问题，通过求解该问题可以得到最优超平面的参数。
>
> 支持向量机的优点包括对高维数据的处理能力、能够处理非线性问题、避免过拟合等。但支持向量机也存在一些局限性，如对大规模数据的处理能力较差、对噪声和异常值敏感等。

AIGC给出了支持向量机的核心概念、基本原理、训练过程、优点和局限性。有时候，面对两个或多个解决分类问题的算法，我们需要知道不同算法之间的区别，以便更好地进行选择，AIGC可以帮助我们进行对比。这里以决策树和支持向量机为例。

【**案例9**】直接输入提示词：决策树和支持向量机的区别。

输出如下。

> 决策树和支持向量机是两种不同的机器学习算法，它们在应用、基本原理和优缺点等方面存在显著差异。
>
> 1. **基本原理**：决策树是一种基于树结构的分类和回归算法。它的基本原理是通过一系列的分裂节点来逐步判断样本的类别或数值。相比之下，支持向量机是一种用于分

类和回归的监督学习算法，通过找到最佳分隔超平面来区分不同类别的样本。

2. 适用范围：决策树易于解释和理解，适用于处理离散和连续特征，常用于金融、医疗等领域。而支持向量机适用于线性和非线性问题，尤其在图像识别、文本分类等领域有广泛应用。

3. 对数据的处理能力：决策树对离散型特征和连续型特征的处理都很自然，并能够处理具有高度非线性和复杂交互关系的数据。而支持向量机则对线性问题具有优秀的处理能力，并能通过核函数技术处理非线性问题。

4. 泛化能力：决策树容易产生过拟合问题，特别是在处理高维数据时，导致模型泛化能力较差。而支持向量机具有优秀的泛化能力和较低的复杂度，尤其在处理高维数据时表现出较好的性能。

5. 对异常值的处理：决策树对异常值有较好的处理能力，而支持向量机对异常值的敏感度较高。

6. 训练时间：决策树算法的训练时间相对较短，可以快速生成模型。而支持向量机的训练时间较长，特别是对于大规模数据集计算开销较大。

综上所述，决策树和支持向量机在基本原理、适用范围、对数据的处理能力、泛化能力、对异常值的处理以及训练时间等方面存在显著差异。在实际应用中，选择哪种算法取决于问题的性质和数据的特点。

AIGC 从基本原理、适用范围、对数据的处理能力等 6 个方面对两种算法进行了比较，加深了我们对这两种算法的理解，在实际应用中我们还需要结合具体的数据特点，通过实验观察性能评估参数，再进行选择。

## 7.2.4　掌握语法

掌握编程语言的语法是编写有效程序的关键。编程语言的语法是指编程语言的结构和规则，比如如何定义变量和函数，如何控制程序流程等。通常语法是由一组规则组成的，规则中定义了语言的关键字、运算符、标点符号和其他语法元素的使用方式。初学者编写程序时容易出现关键字错误或未知等问题，此时，AIGC 可以给予帮助。

以 Python 为例，当需要实现一个选择结构的时候，初学者可能不能区分 if-else 和 if-elif-else，这时就可以向 AIGC 发出询问。

【案例 10】输入提示词：你是一名资深的 Python 工程师，请介绍一下 Python 的选择结构。输出如下。

Python的选择结构是一种控制流程，允许程序根据特定条件执行不同的代码块。在Python中，主要有三种选择结构：单分支结构、双分支结构以及多分支结构。

1. 单分支结构：使用if语句，后面紧跟一个冒号，然后是缩进的代码块。这个代码块只在if语句后的条件为真时执行。

2. 双分支结构：使用if-else语句，当if语句后的条件为真时，执行if后面的代码块；否则，执行else后面的代码块。

3. 多分支结构：使用if-elif-else语句，可以有多个elif语句，每个elif语句后都有一个条件和一个代码块。Python会从上到下逐个判断条件是否成立，一旦找到一个成立的条件，就执行相应的代码块。如果所有的条件都不成立，就执行else后面的代码块。

以上就是Python的选择结构。请注意，Python的选择结构不支持嵌套，以避免逻辑过于复杂。在实际编程中，应合理使用这些结构，使程序能够根据不同的情况做出正确的决策。

文字描述不便于理解，可以以代码的形式进行解释。

【案例11】输入提示词：请给出一个 Python 选择结构的代码示例。

输出如下。

以下是一个Python选择结构的示例代码：

```python
1   x = 10
2
3   if x > 0:
4       print("x是正数")
5   elif x < 0:
6       print("x是负数")
7   else:
8       print("x等于0")
```

在这个例子中，我们使用if-elif-else语句来判断变量x的正负情况，并输出相应的结果。根据条件的不同，Python会执行相应的代码块。在这个例子中，因为x等于10，所以会执行第一个if语句的代码块，输出"x是正数"。

AIGC 给出了示例代码以及代码的含义，以帮助初学者更好地学习 Python 选择结构。

## 7.2.5 拓展案例

小王开始学习 Python，他希望借助 AIGC 完成数字 1 到 100 的求和代码的编写，请帮助小王设计使用 AIGC 的过程，要求如下：

（1）学习循环结构的语法；

（2）设计两种方法完成该代码的编写。

## 7.3 代码提示

随着 AI 的快速发展，越来越多的领域开始尝试将 AIGC 技术应用于开发过程中。

### 7.3.1 代码提示概述

编程通常离不开编辑器，它可以帮助程序员更加轻松地编写和管理代码。高级语言包括 C/C++、Java、Python 等，低级语言则包括汇编语言、字节码或机器码等。

不同的编程语言有不同的编辑器，表 7-2 所示为典型编程语言的主流编辑器。

**表 7-2 典型编程语言的主流编辑器**

| 序号 | 编程语言 | 主流编辑器 |
| --- | --- | --- |
| 1 | Python | Pycharm、Visual Studio Code、Jupyter Notebook、Spyder、IDLE |
| 2 | C/C++ | Eclipse、CLion、Visual Studio Code、NetBeans、Atom、Sublime Text |
| 3 | Java | Eclipse、IntelliJ IDEA、NetBeans、Visual Studio Code |

编辑器往往有很多实用的功能，比如通过大纲显示来展开和折叠代码块、查找代码、对不同的语法元素用不同的颜色着色以对它们进行区分、对错误和警告进行标记等。代码提示是编辑器提供的实用功能之一。具有自动补全代码的能力，它可以大大提高编写代码的效率，并减小出错的概率。

### 7.3.2 了解代码提示的工作原理

代码提示可以理解为在编辑器中输入一个关键字，就可以看到与已输入的关键字匹配的所有可用函数，我们可以选择一个自己想要的函数继续编写。为了了解代码提示功能的工作原理，我们可以向 AIGC 提问。

【案例 12】输入提示词：什么是 Python 中的代码提示功能？能否给出一个案例？

输出如下。

> 代码提示功能是一种编程辅助工具，它能够根据上下文或语法分析自动为程序员提供代码建议或补全。这种功能可以大大提高编程效率，减少错误，并帮助新手更快地熟悉编程语言。
>
> 以下是一个简单的Python代码提示功能的案例：
>
> 假设我们正在编写一个Python程序，需要使用一个列表来存储一些数据。当我们在编辑器中输入列表的第一个方括号时，代码提示功能会自动弹出一个菜单，列出一些与列表相关的函数和操作，如append()、insert()、remove()等。

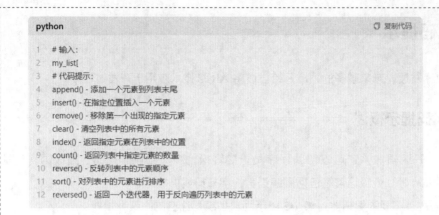

```
python                                               复制代码
1   # 输入：
2   my_list[
3   # 代码提示：
4   append() - 添加一个元素到列表末尾
5   insert() - 在指定位置插入一个元素
6   remove() - 移除第一个出现的指定元素
7   clear() - 清空列表中的所有元素
8   index() - 返回指定元素在列表中的位置
9   count() - 返回列表中指定元素的数量
10  reverse() - 反转列表中的元素顺序
11  sort() - 对列表中的元素进行排序
12  reversed() - 返回一个迭代器，用于反向遍历列表中的元素
```

通过使用代码提示功能，我们可以更快地找到我们需要的函数或操作，并减少错误。此外，一些更先进的代码提示功能还可以根据上下文和语法分析来预测我们可能要编写的代码，并提供更准确的建议。

通过与AIGC的交流，我们加深了对代码提示功能的理解。

请注意，虽然代码提示是一个非常有用的功能，但它并不总是完美的。有时，集成开发环境可能会误解输入，或者无法找到匹配的代码片段。在这种情况下，我们需要手动修改代码以满足需求。

### 7.3.3 设置代码提示功能

代码提示功能在编辑器中是可以启用和关闭的，若不知道如何去做，可以参考 AIGC 提供的思路。

【案例13】输入提示词：如何在 PyCharm 中设置代码提示功能？

输出如下。

在PyCharm中设置代码提示，可以通过以下步骤进行：

1. 打开PyCharm，单击顶部菜单栏的"File"-"Settings"打开设置窗口。

2. 在设置窗口左侧导航栏中，选择"Editor"-"General"-"Code Completion"。

3. 在右侧的"Autopopup code completion"部分，你可以选择是否开启代码自动补全功能。如果你想让代码提示在你的输入过程中自动弹出，就勾选这个选项。

4. 在"Delay until after a character is typed"部分，你可以设置代码提示延迟出现的时间。例如，如果你希望在你输入一个字符后立即显示提示，就设置为0。

5. 在"Show the description of the currently selected item in the quick documentation"部分，如果你希望在你将鼠标指针悬停在代码元素上时显示该元素的简短描述，就勾选这个选项。

6. 在"Show the context menu of the selected item in the quick documentation"部分，

如果你希望在你将鼠标指针悬停在代码元素上时显示一个包含更多选项的上下文菜单，就勾选这个选项。

7. 最后，单击"Apply"按钮保存你的设置，然后单击"OK"关闭设置窗口。

以上就是在PyCharm中设置代码提示的详细步骤。通过这些设置，你可以在编写代码时享受到更智能、更便捷的编程体验。

AIGC 可以将操作步骤以文本的形式展现出来（由于版本变化，实际操作可能有所不同）。但是初学者在操作过程中常常会出错，因此需要知道有哪些注意事项。

【案例 14】输入提示词：在 PyCharm 中设置代码提示功能有什么注意事项？

输出如下。

在PyCharm中设置代码提示功能时，需要注意以下几点：

1. 确保安装了正确的Python解释器。PyCharm的代码提示功能依赖于正确的Python解释器。你需要确保在PyCharm中正确配置了Python解释器，以便PyCharm能够正确地识别和提供代码提示。

2. 更新PyCharm到最新版本。旧版本的PyCharm可能不支持最新的代码提示功能。因此，确保你使用的是最新版本的PyCharm，并定期更新PyCharm和插件。

3. 配置或选择合适的代码提示策略。PyCharm提供了多种代码提示策略，如基于上下文的代码提示、智能代码提示等。根据你的编程习惯和需求，选择或配置合适的代码提示策略，以提高代码提示的准确性和效率。

4. 注意代码提示的延迟。有时候，代码提示可能会出现延迟，尤其是在处理大型项目或复杂代码时。这是正常的现象，但如果延迟时间过长，可能需要检查项目的性能和内存使用情况，以确保代码提示能够快速响应。

5. 合理使用快捷键。虽然PyCharm提供了自动代码提示功能，但有时候手动触发代码提示（如按下Tab键）可能更符合你的编程习惯。合理使用快捷键可以提高编程效率。

6. 检查并更新插件。PyCharm的许多插件可以增强代码提示功能。确保你的插件是最新的，并定期检查插件的更新和兼容性。

7. 注意代码质量。虽然代码提示功能可以帮助减少错误，但并不能替代良好的编程实践。在编写代码时，仍需注意代码的质量和可读性，并进行适当的测试。

## 7.3.4 拓展案例

小王刚刚开始学习如何在 PyCharm 中编写 Python 代码，他需要在 PyCharm 中安装一个新库 Matplotlib，请借助 AIGC 工具帮助他完成新库的安装。

## 7.4 小结

（1）在 AI 时代，编程已经成为一种重要技能。

（2）应用开发一定要先明确需求，做好设计，开发过程中要进行多方面测试。

（3）编程语言的语法学习和功能调用需要不断地在编程实际工作中实践和体会。

（4）要养成良好的编程习惯，选用优秀的编辑器。

## 7.5 实训

小王想学习一门编程语言，并参与一个嵌入式开发项目，请借助 AIGC 帮助他实现这一目标，具体内容如下：

（1）如何理解嵌入式开发项目；

（2）选择学习什么编程语言；

（3）选择什么编辑器。

## 7.6 习题

（1）简单叙述如何运用 AIGC 了解软件测试。

（2）简单叙述如何运用 AIGC 了解 ChatGPT。

（3）PyCharm 中如何设置远程协作功能？

# 第8章
# AIGC的发展与展望

## 【本章导读】

AIGC 已经在机器学习、自然语言处理、图像识别等领域广泛应用，而随着技术的不断发展，AIGC 的应用也将更加广泛。本章将介绍 AIGC 的产业生态体系与内容创作的 3 个阶段、AIGC 的发展趋势以及对社会的影响，最后介绍 AIGC 的风险与展望。

## 【本章要点】

- AIGC 的发展
- AIGC 的风险与展望

## 8.1 AIGC 的发展

2022 年年底，ChatGPT 横空出世，掀起了 AIGC 热潮。2023 年以来，各行各业都在竞相追逐这项技术，那些能够跟上 AIGC 潮流的企业将可能取得长足发展。

### 8.1.1 AIGC 的产业生态体系与内容创作阶段

AIGC 技术的进步与创新为各行各业带来了深刻的变革，推动了产业的发展。

#### 1. AIGC 的产业生态体系

随着 AIGC 在越来越多的领域得到应用，AIGC 已经代表了 AI 技术发展的新趋势，推动 AI 进入新时代。从目前已成雏形的产业生态体系来看，AIGC 的架构呈现出 3 层，如图 8-1 所示。

（1）基础层

第一层为基础层，也就是以预训练模型为基础搭建的 AIGC 技术基础设施层。以 2020 年推出的 GPT-3 模型为例，根据公开资料，GPT-3 训练的硬件和电力成本高达 1200 万美元。ChatGPT 采用的 GPT-3.5 系列模型更为强大，训练成本也更高。

（2）中间层

第二层为中间层，即垂直化、场景化、个性化的模型和应用工具。可以快速生成场景化、定制化、个性化的小模型，实现在不同行业、垂直领域的工业流水线式部署。

（3）应用层

第三层则为应用层，即面向客户端用户的文字、图片、音视频等内容生成服务，人们日常接触到的很多 AIGC 应用就属于这一层。

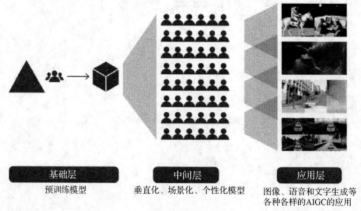

图 8-1　产业生态体系

### 2. AIGC 内容创作的 3 个阶段

在 2021 年之前，AI 生成的主要是文字内容，并且只能作为创作的辅助。新一代 AI 模型问世后，AIGC 可以处理更多格式的内容，包括文字、语音、图像、视频、代码等，可以在创意、表现力、迭代、传播、个性化等方面协助创作者。ChatGPT 横空出世后，AIGC 更是开始高速发展，其中深度学习模型的不断完善、开源模式的推动让 AIGC 在内容创作方面取得较大突破。

图 8-2 所示为 AIGC 中不同内容的进化路线图。总体来看，AI 生成图像的发展滞后于生成文本。AIGC 得到发展的其中一个原因是大模型（如 GPT-3、DALL·E 2、Stable Diffusion 等）带来了非常好的效果和泛化能力。

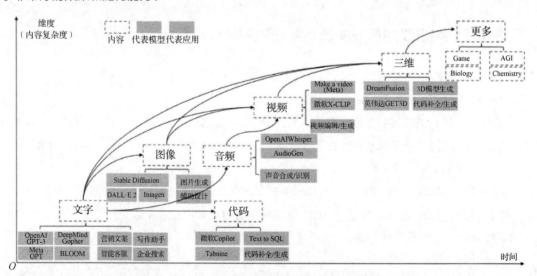

图 8-2　AIGC 中不同内容的进化路线图

（1）助手阶段

在助手阶段，AIGC 是作为辅助工具去帮助人类进行内容生产的。早期的 AIGC 可以根据指定的模板或规则，进行简单的内容制作与输出。但生产过程不够灵活，大多数 AI 模型都是依赖于预先定义的统计模型或专家系统执行特定的任务，所生成的内容较空洞、刻板，容易出现文不对题的情况。

（2）协作阶段

在协作阶段，AIGC 可以与人类进行更加紧密的互动，共同完成内容的创作。通过人类的输入和 AIGC 的深度学习，AIGC 可以更加准确地理解人类的意图和需求，从而生成更加多样化、有趣和个性化的内容。AIGC 甚至可以以虚实并存的虚拟人物形态出现，形成人机共生的局面。行业普遍认为，在终极元宇宙（元宇宙是人类运用数字技术构建的，由现实世界映射或超越现实世界，可与现实世界交互的虚拟世界，具备新型社会体系的数字生活空间）形态中，更多工作和生活将被数字化，在线时间的显著增长、三维数字世界、高度智能的 AI 技术等将带来人类数字经济的高度繁盛。终极元宇宙将是科技与人文的结合，是科技对人的体验和效率的赋能，是技术对经济和社会的重塑。

互联网内容生产方式经历了 PGC—UGC—AIGC 的过程。PGC（Professionally Generated Content）的含义是专业生产内容，如 Web 1.0 和广电行业中专业人员生产的文字和视频，其特点是专业、内容质量有保证。UGC（User Generated Content）的含义是用户生产内容，伴随 Web 2.0 的概念而产生，特点是用户可以自由上传内容。随着自然语言生成技术和深度学习模型的成熟，AIGC 逐渐受到大家的关注，目前它已经可以自动生成文字、图片、音频、视频，甚至 3D 模型和代码。AIGC 将极大地推动元宇宙的发展，元宇宙中大量的数字原生内容需要由 AI 创作。表 8-1 所示为内容生产方式的演变过程。

表 8-1　内容生产方式的演变过程

| 互联网时代 | Web 1.0 | Web 2.0 | Web 3.0/元宇宙 |
|---|---|---|---|
| 内容生产方式 | 专业生产 | 用户生产 | AI 生产 |
| 特点 | 专业 | 内容丰富 | 高效率 |

（3）原创阶段

原创阶段则是对 AIGC 未来的设想，希望它能够实现完全的自主创作。当然，从目前的技术水平来看，这只是一个美好的愿景。为了能够实现这个愿景，AIGC 需要持续地发展和升级其核心技术，并丰富其产品类型。只有这样，AIGC 才能不再局限于文本、音频、视觉这 3 种基本形态，并开发出更多如嗅觉、触觉、味觉、情感等方面的形态。只有这样，AIGC 的原创阶段才有可能真正到来。

随着 AIGC 走向原创阶段，原创内容生成的成本会愈加低廉，真正实现高效低价的"有人格的 AI"。

目前，人们已经认同 AIGC 的出现意味着将创作者从烦冗的基础性工作中解放出来，使得他们能够把更多的精力放到创意表达上，这是未来内容创作行业，甚至是人类工作方式的整体趋势。

### 8.1.2　AIGC 的发展趋势

AIGC 是一种新兴的 AI 技术，它涵盖了机器学习、自然语言处理、计算机视觉等多个领域。随着 AI 技术的不断发展，AI 行业也正在迅速崛起，成为当今科技界和商业界最热门的话题之一。

图 8-3 所示为 2022—2028 年我国 AIGC 核心市场规模的发展变化趋势，预计 2028 年将达 2767.4 亿元。随着 AI 技术的不断发展，AIGC 技术也将日益成熟，未来将在更多领域得到应用，巨大的应用前景将推动 AIGC 市场规模快速增长。

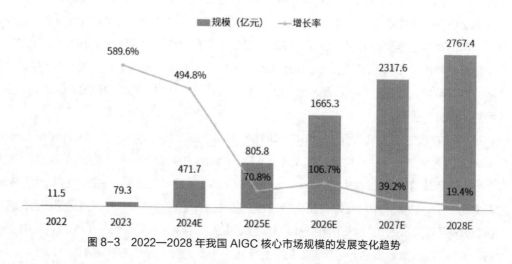

图 8-3　2022—2028 年我国 AIGC 核心市场规模的发展变化趋势

AIGC 的发展趋势之一是 AI 技术的不断升级和改进。随着 AI 技术的不断发展，AIGC 的应用场景也在不断扩大。现在，AIGC 已经大量应用于金融、医疗、教育、物流等领域，未来还将应用于更多的领域，如智能家居、智能交通等。

AIGC 的发展趋势之二是数据量的不断增加和数据质量的不断提升。随着互联网和物联网的不断发展，数据量正在呈指数级增长，而数据质量也在不断提升。这意味着 AIGC 算法的训练数据来源越来越广泛，同时模型准确率也越来越高。

AIGC 的发展趋势之三是应用场景的不断拓展和创新。未来，AIGC 将会成为商业和社会转型的重要驱动力。

AIGC 的发展趋势之四是对数据安全和隐私保护的重视程度的提高。随着 AI 技术的不断发展，人们对数据安全和隐私保护的关注也在不断增加。未来，AI 行业将加强数据安全和隐私保护技术的研究和应用，以确保数据安全，保护隐私。

当前，AIGC 技术和产业生态正进入发展快车道。AIGC 在内容生成中的渗透率将快速提升，应用规模快速扩增，预计 2030 年 AIGC 市场规模将超过万亿元人民币。当前，百度、腾讯优图、阿里巴巴、快手、字节跳动、网易、商汤、美图、科大讯飞等企业都在加大 AIGC 领域的投入。AI 产业正加速从前沿技术探索向商业化落地转型，行业景气度提升。龙头企业的积极参与，将加速行业整体 AIGC 应用结合进程。展望未来，随着微软等行业巨头的入局以及技术的迭代发展，AIGC 结合搜索、知识图谱等技术，有望进一步拓宽 AI 应用场景，加速 AI 商业落地。

## 8.1.3  AIGC 对社会的影响

腾讯研究院发布的《AIGC 发展趋势报告 2023：迎接人工智能的下一个时代》指出，AIGC 的商业化应用将快速成熟，市场规模会迅速壮大。当前 AIGC 已率先在传媒、电商、影视、娱乐等数字化程度高、内容需求丰富的行业取得重大发展，市场潜力逐渐显现。

### 1. AIGC 改变人们的工作模式

随着科技的不断发展，AI 逐渐渗透到人们的日常生活中，并逐步改变人们的工作模式。

AIGC 是一种新的 AI 技术，它具有多种办公功能，包括但不限于文本编辑、表格处理、演示制作等。与传统的办公软件相比，AIGC 的最大特点是其强大的 AI 辅助功能。通过深度学习和自然语言处理技术，AIGC 能够理解用户的输入，提供智能化的建议和解决方案，大大提高工作效率。

例如，在文本编辑方面，AIGC 可以根据用户输入的内容自动生成摘要，帮助用户快速获取信息；在表格处理方面，AIGC 可以自动识别和填充数据，减少手动操作；在演示文稿制作方面，AIGC 可以自动生成幻灯片模板，节省用户的时间。

此外，AIGC 还具有强大的数据分析能力。通过机器学习算法，AIGC 可以从大量的数据中提取有价值的信息，为决策提供支持。这对需要处理大量数据的企业来说，无疑是一种强大的工具。

目前，AIGC 为协同办公带来两大明显变化，一是传统的办公软件将会被更加符合人机共生形态或者具备人机协作功能的新型办公软件所取代，而且甚至会出现多模态办公软件。二是将来每个人都可以借助 AI 胜任多个职位，灵活输出工作结果。例如，在写作过程中，AIGC 可以提供自动纠错、智能推荐词汇、语法优化等功能，使用户能够更轻松地完成工作。在未来，AIGC 的发展将推动办公软件向更多的平台拓展，如智能手机、平板计算机等。同时，办公软件厂商也可能将 AIGC 与云服务相结合，使得用户的工作数据和配置能够实时同步，提供更好的协作和灵活性。

### 2. AIGC 赋能企业创新

随着 AI 技术的发展，越来越多的企业开始关注和探索 AI 在业务中的应用，AI 技术可以帮助企业提高生产效率，优化生产计划等。

例如，通过与 5G 技术的结合，AIGC 能够实现设备间大量数据的快速传输，提高工厂的自动化水平。同时，AIGC 在图像识别、语音识别、预测性维护等领域的应用，也能够大幅提高企业的生产效率。

（1）提高生产效率

AIGC 的应用可以实现生产线的自动化和智能化，减少人工干预，提高生产效率。例如，在制造业中，AIGC 可以通过机器视觉和深度学习技术实现缺陷检测，降低产品不良率，从而提高生产效率。

（2）优化生产计划

AIGC 可以通过分析历史订单、库存等数据，制订更优的生产计划，降低库存成本，提高产能利用率。例如，在钢铁制造企业中，AIGC 可以通过预测市场需求和价格波动，优化生产计划，降低生产成本。

（3）智能维护与故障预测

AIGC 可以通过监测设备的运行数据，预测设备的维护需求和故障风险，降低设备维护成本和故障对生产的影响。例如，在电力行业中，AIGC 可以通过分析设备的运行数据，预测设备的故障风险，提前进行维护，降低设备故障对生产的影响。

（4）协同设计与生产

利用 AIGC 可以实现不同部门之间的协同工作，提高设计部门与生产部门之间的沟通效率，降低沟通成本。例如，在汽车制造企业中，AIGC 可以将设计部门的设计方案转化为生产部门的制造指令，实现自动化、智能化的生产线控制。

值得注意的是，AIGC 在应用过程中也存在一些挑战。首先，AIGC 需要大量的数据作为训练基础，而企业中往往存在数据采集与处理的问题。其次，AIGC 的应用过程需要专业的技术人员进行维护和优化，而这种人才在当前市场上相对稀缺。此外，AIGC 在应用过程中还需解决隐私保护、数据安全等问题。

## 8.2　AIGC 的风险与展望

AIGC 是 AI 领域的重要研究方向，ChatGPT 的出现掀起了关于 AI 的讨论热潮。ChatGPT 被热议及其 API 的开放，都进一步推动了 AIGC 的发展。在可预见的未来，AIGC 将被广泛应用于各行业的内容生产实践中，成为互联网内容行业的新一轮增长点。然而，人们也需要警惕 AIGC 带来的诸如虚假信息等风险与挑战。

### 8.2.1　AIGC 的风险

随着 AI 技术的不断发展，如今传播主体从人向人机共生转变。在信息生产和分发、事实核查、与用户的交流和互动等各个环节，AI 技术正在发挥着重要的作用。它不仅改变了信息传播和人类交流的方式，也重塑了人、技术和社会之间的互动关系。

然而，AI 领域日新月异的发展也引发了人们对该技术的一系列担忧，如其带来的社会风险、伦理风险，以及对人主体性的挑战等。目前，学界和工业界对 AIGC 也褒贬不一，虽然其强大的生产能力和适配能力在很大程度上解放了人类生产力，但其在应用过程中所带来的内容失真、内容违规、内容侵权、信息冗余、技术伦理等问题也让人担忧。

**1. 知识产权风险**

AI 生成的内容可能侵犯他人的知识产权，这将可能给企业和个人带来法律风险和商业损失。

AI 创作带来的知识产权问题具体表现为两个方面：一是用于训练算法模型的数据可能侵犯他人版权；二是 AI 生成内容能否受版权保护存在争议。以 AI 绘画为例，供深度学习模型训练的数据集中可能包含受版权保护的作品，未经授权使用这些作品可能构成侵权。

根据现有的法律规定，AI 并非著作权人主体，因而其产出不具备著作权。这意味着其他主体可以自由使用和传播由 AIGC 生成的内容。如果企业投入大量资源开发 AIGC 系统以获得商业化广告创意，这无疑面临较大风险。AIGC 在广告创意生成的过程中，需要受训于海量数据与素材，这些训练数据的著作权归属也较难确定。若其中使用了其他公司或平台的素材与数据，有可能引发争议和法律纠纷。而且不同国家和地区对 AIGC 生成内容的著作权认定存在差异。这给跨国广告主和平台带来较大不确定性，增加了企业的合规与风险成本。

一般而言，AI 服务提供方对于 AI 作品的版权归属和商业使用权有一定的限制，使用者不当使用 AIGC 可能构成侵权，所以在使用 AIGC 之前，要仔细阅读用户协议。例如，百度开发的文心一格绘画工具明确规定：不得用于商业用途，版权归属于百度公司。

此外，如果数据、素材库中包含受著作权保护的作品，AI 技术提供方对这些作品的使用必须获得权利人许可，否则会侵犯权利人的复制、改编、信息网络传播权等。

### 2. 道德伦理与法律风险

AI 创作在提高生产效率的同时，也存在着道德伦理与法律风险。首先，AI 创作可能影响人类伦理取向与价值判断。如今机器学习生成的内容在形式和逻辑上都比较完整，甚至能"以假乱真"。以 ChatGPT 为例，它可以生成形式完整的文本内容，对各种提问提供看似逻辑严密的答复。但这些文本或答复中可能存在严重的事实错误，或与人类的基本伦理认知相违背的有害内容。当前，AIGC 运用的语言模型是在大量文本数据上训练的，其中包括虚构作品、新闻报道和其他类型的文本。AIGC 可能无法准确地区分数据集中的事实和虚构类文本，这导致它可能生成不准确或不恰当的回答。这些有害内容如果无法受到有效识别和控制，可能影响人类的伦理取向与价值判断。例如，AIGC 缺乏对背景知识和文化差异的理解力，尤其是对不同文化和社会背景的细微差别和复杂性的理解，这可能导致它生成不恰当或令人反感的回答。OpenAI 在 2021 年发布的 GPT-3 就被发现有时会产生虚假或误导性信息。

其次，AI 技术可能被滥用、误用，比如被用于抄袭、恶搞，甚至被用于危害国家安全、社会公共利益和个人生命财产安全的活动。AIGC 应用的门槛较低，有害内容的生产者同时具有分散性、流动性和隐蔽性高的特征，这将可能导致虚假的、违反社会公序良俗与伦理价值标准的信息泛滥，影响整个网络生态。以撰写新闻稿为例，AIGC 生成的假新闻可能扰乱社会秩序、引发公众恐慌，乃至影响社会稳定和国家安全。因此，有必要对 AI 创作进行法律约束，特别是对 AI 技术使用者的行为进行有效约束，防范安全风险与伦理风险。

### 3. 人类被替代的风险

就目前的 AI 技术发展水平来看，其创作主要基于模仿，AI 还缺乏人类的情感和思想，如果脱离了与人之间的交流和沟通，尚无法创作出高水平的艺术作品。2022 年 8 月，在美国科罗拉多州举办的艺术博览会中，一位没有绘画基础的参赛者提交了一份由 AIGC 生成的画作《太空歌剧院》，并获大奖，这引起业内关于"AI是否能取代艺术家"的一场争论。相比于人类的创作过程，AI创作具有快速、量大、多元等特点，正在艺术创作、绘画、影视编辑等领域引发变革。按这种发展态势，未来世界中可能充斥着由AI创作的画，而人类创作的作品却被埋没。不少人担忧AI创作会冲击传统艺术创作行业。AI导致画家"失业"的担忧可能来源于目前人类艺术家创作出的高质量作品越来越少，但实际上AIGC是一种赋能工具，人类艺术家可以发挥AIGC在搜集素材、整合信息等方面的优势，并将更多时间用在创作上。所以，AI与人类的创作活动并非不可调和，两者其实可以共存，可以相互促进，人机结合或许才是未来之路。

**4. 数据处理、隐私与安全风险**

合规的数据收集、存储和处理措施是保护用户隐私权的关键。以ChatGPT为例，作为AI生成内容的热门应用，ChatGPT在模型训练阶段、应用运行阶段涉及海量数据的处理。一般认为，模型的成熟度以及生成内容的质量，都与训练数据高度相关。与此同时，训练数据所包含的隐私风险也将映射到生成内容上。目前而言，训练数据的风险集中在数据收集阶段，即数据处理者在处理训练数据中的个人信息前，是否尽到告知同意的基本责任，确保个人信息处理的合法性、正当性、必要性。数据清洗阶段和数据标注阶段的主要任务是将收集到的数据进一步处理成机器可读、便于训练的数据。这个过程将审核数据集中是否包含大量可识别的个人信息或敏感信息，进一步降低训练数据的风险。

当前，训练数据需求庞大，以GPT-3模型为例，其在训练阶段使用了多达45TB的数据。随着AIGC技术的发展，已有的有效网络数据将跟不上训练模型所需数据量，与此同时，数据获取的成本也不断上涨，在这样的背景下，合成类数据（Synthetic Data）开始进入市场。以人脸数据为例，如果将一个自然人所能提供的人脸数据设为1个人脸数据，那么通过合成、编辑等处理过程，对基础的人脸数据（五官或表情）进行调整，可以获得10个或者100个人脸数据，大大降低训练数据的成本和获取难度。合成数据也需进行个人信息保护，根据《互联网信息服务深度合成管理规定》，深度合成服务提供者和技术支持者应当提示使用者依法告知被编辑的个人，并取得其同意。

此外，在数据安全方面，数据准确性、数据保密性和数据合规性是构成数据安全的三大要素。AIGC所依赖的海量数据可能面临数据泄露、误用的风险，其生成内容的真实性也难以完全保证，可能被用于进行虚假广告宣传等。这需要企业采用技术手段保护数据安全，并对内容真实性进行权威验证。

例如，在包头警方发布的一起案件中，福州某科技公司老板郭先生遭遇"AI换脸拟声"诈骗，10分钟内被骗430万元。据郭先生说，骗子通过AI换脸和声音模拟技术，用自己好朋友的身份打视频电话，说在外地竞标，让郭先生通过公对公账户转款——由于视频中朋友的形象十分逼真，加上自己的信任，郭先生转了款。很快他意识到受骗，并报警拦截，但仍然有93万元被转移。这类AIGC技术诈骗在多地都有发生，除了"换脸拟声"，犯罪分子还能利用AIGC技术按照理财、相亲等需求属性，智能筛选受害人、生成相应的诈骗脚本。

目前，我国对于AIGC涉及的隐私问题，主要可以参考《中华人民共和国个人信息保护法》

《中华人民共和国数据安全法》《数据出境安全评估办法》等法律法规。因此，在使用 AIGC 工具时，要确保数据的使用符合相关法律法规，避免违规。AI 服务提供者要确保用户提供的个人信息符合《中华人民共和国个人信息保护法》的规定，并获得用户的明确授权。

纵观人类历史可以发现，每一次技术创新都会引发新的法律和伦理问题。这些新问题并不可怕，可怕的是我们回避问题，让技术野蛮生长，或因噎废食，停下推进技术前进的脚步。我们真正需要做的是努力达到工具理性与价值理性的平衡，无论是 AI 创作还是更进一步的人机结合，在追求技术创新发展的过程中，应当始终秉持应有的社会责任感，致力于使技术更好地服务于人类，服务于人民群众对美好生活的向往与追求。

## 8.2.2　AIGC 的展望

AIGC 引领数字内容创作领域的全新变革，有望塑造数字内容生产与交互新范式，成为未来互联网的内容生产基础设施。AIGC 将作为生产力工具推动元宇宙的发展，并进一步推动 AI 技术更广泛地应用。

### 1. 个性化内容生成

AIGC 的不断发展使得更加个性化的内容生成成为可能。例如，AIGC 可以根据用户的兴趣和需求生成更加符合用户口味的新闻、广告、商品信息等内容。又例如，AIGC 可以通过学习大量的音乐数据，生成具有旋律和和声的音乐作品。这不仅为音乐人提供了更多的创作素材，还可以让普通用户体验到个性化的音乐创作过程。另外，AIGC 还可以根据用户的喜好和情感倾向，生成特定风格的音乐，提供更加个性化的音乐推荐服务。

### 2. 多模态内容生成

未来 AIGC 也将会实现多模态内容生成等功能。多模态内容生成指同时生成文字、图片、视频等多种形式的内容。这将会极大地拓展 AIGC 的应用范围，带来更多的商业机会。多模态的应用为生成模型带来了新的机遇和挑战。在生成模型中，多模态的应用可以为 AIGC 提供更丰富的输入信息，帮助模型更好地理解和生成内容。具体而言，多模态在生成模型中的作用包括以下 3 个。

（1）信息融合

通过融合多种感官模态的数据，模型能够获取更全面和准确的输入信息，提高生成结果的质量和多样性。

（2）上下文理解

多模态数据可以提供丰富的上下文信息，帮助模型更好地理解语境和背景，生成更具连贯性和适应性的内容。

（3）跨模态生成

多模态数据可以用于实现不同感官模态之间的转换和生成。例如，将一段文字描述转换为图像，或者将一段音频转换为文字。

不过需要注意的是，大模型和多模态数据的处理需要大量的计算资源和存储空间，这对硬件设施和算法效率提出了挑战。为了解决这个问题，可以采用分布式计算和并行处理的方法，利用分布式系统和高性能计算平台，提高训练和推理的效率。此外，还可以使用模型压缩和加速技术，如通过模型剪枝、量化和混合精度训练来减少大模型的计算和存储需求，提高运行效率。此外，多模态数据的融合和对齐是实现多模态生成的关键。不同模态的数据可能具有不同的表示形式和特征，如何将它们融合到一个统一的表示空间中是一个挑战，这个挑战可以通过多模态表示学习的方法来解决，即通过共享的表示空间将不同模态的数据映射到同一空间，实现模态之间的对齐和融合。

**3. 智能对话生成**

未来 AIGC 技术还将会实现智能对话生成，即通过对用户的语言数据进行分析和学习，与用户进行更加自然、流畅的对话。这将会极大地提高人机交互的效率和质量，促进 AI 技术的普及和发展。随着技术的不断发展，AIGC 将会在更多领域发挥重要作用。在未来，我们可能会看到更加智能的聊天机器人、能够自动生成创意的广告系统以及能够根据用户需求进行个性化创作的音乐和绘画系统等。

人们可以期待 AIGC 向更加智能化、自主化、可持续化的方向发展，并在更多的领域得到应用。

## 8.3 小结

（1）AIGC 已经在机器学习、自然语言处理、图像识别等领域广泛应用，而随着技术的不断发展，AIGC 的应用也将更加广泛。

（2）AIGC 内容创作的 3 个阶段分别是助手阶段、协作阶段和原创阶段。

（3）AIGC 的商业化应用将快速成熟，市场规模会迅速壮大。当前 AIGC 已率先在传媒、电商、影视、娱乐等数字化程度高、内容需求丰富的行业取得重大发展，市场潜力逐渐显现。

（4）AI 领域日新月异的发展也引发了人们对该技术的一系列担忧，如其带来的社会风险、伦理风险，以及对人主体性的挑战等。

## 8.4 习题

（1）简述 AIGC 内容创作的 3 个阶段。

（2）简述 AIGC 的发展趋势。

（3）简述 AIGC 的个性化内容生成。

（4）简述 AIGC 的多模态内容生成。